"十四五"职业教育河南省规划教材

教育部现代学徒制试点院校系列教材

科大讯飞股份有限公司校企合作系列教材

人工智能与社会
——人工智能通识教育

向春枝 范 颖 ◎ 主 编
王 宇 刘 梦 ◎ 副主编
刘亚同 张 雪 李新涛 崔 艳 ◎ 参 编

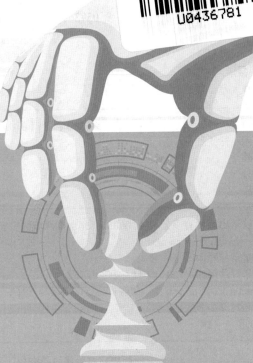

中国铁道出版社有限公司
CHINA RAILWAY PUBLISHING HOUSE CO., LTD.

内 容 简 介

本书依托《国家中长期教育改革和发展规划纲要（2010—2020年）》而编写，旨在介绍先进的新技术思想，继承我国优秀的教学传统，体现新技术的发展方向。

本书共八个模块。模块一～七讲述人工智能简介、模式识别与机器视觉——人脸识别助力、自然语言理解与机器翻译、人工智能与机器人、人工智能与博弈、人工智能与产业发展、人工智能与未来职业。模块八讲述人工智能的产业案例——科大讯飞中部某县"智医助理"项目书。

本书结构上采用"情境体验、问题思考、技能学习、活动探究"的方式，将学习与探究进行了整合，内容上强调人工智能知识的基础性、科普性、综合性、趣味性和可读性，使学生掌握人工智能的主要思想和应用人工智能技术解决专业领域问题的基本思路，适合作为普通高校非计算机专业人工智能通识课程教材，也可作为自然科学、社会科学以及人工智能交叉学科从业人员及爱好者的参考书。

图书在版编目（CIP）数据

人工智能与社会/向春枝，范颖主编.—北京：中国铁道出版社有限公司, 2024.11

"十四五"职业教育河南省规划教材

ISBN 978-7-113-30130-9

Ⅰ.①人… Ⅱ.①向… ②范… Ⅲ.①人工智能-高等职业教育-教材 Ⅳ.①TP18

中国国家版本馆CIP数据核字（2023）第057369号

书　　名：人工智能与社会
作　　者：向春枝　范　颖

策　　划：韩从付　　　　　　　　　　编辑部电话：（010）51873090
责任编辑：刘丽丽　徐盼欣
封面设计：郑春鹏
责任校对：苗　丹
责任印制：赵星辰

出版发行：中国铁道出版社有限公司（100054，北京市西城区右安门西街8号）
网　　址：https://www.tdpress.com/51eds
印　　刷：河北宝昌佳彩印刷有限公司
版　　次：2024年11月第1版　2024年11月第1次印刷
开　　本：787 mm×1 092 mm　1/16　印张：13.25　字数：274千
书　　号：ISBN 978-7-113-30130-9
定　　价：48.00元

版权所有　侵权必究

凡购买铁道版图书，如有印制质量问题，请与本社教材图书营销部联系调换。电话：（010）63550836
打击盗版举报电话：（010）63549461

前　言

从第一台计算机发明至今,以信息技术为基础的第三次科技革命加速了社会发展的进程,以互联网、大数据和人工智能为标志的第四次科技革命,将人类文明带入了更广阔、更紧密的智能时代,社会各方面正在进入以信息产业为主导的发展阶段。尤其是人工智能,作为新一代信息技术的标志,是信息技术发展和信息社会需求到达一定阶段的产物。随着理论和技术日益成熟,人工智能的应用领域不断扩大。

在政府积极引导和企业战略布局等推动下,人工智能产业从无到有,规模快速壮大,创新能力显著增强,服务能力大幅提升,并为云计算、大数据、物联网等新兴领域的发展提供了基础支撑。当前我国人工智能产业发展势头良好、空间巨大,以信息技术与制造技术深度融合为主线,推动了新一代人工智能技术的产业化与集成化。与此同时,对人工智能人才的需求也极为迫切,现阶段人工智能的专业技术人才缺口很大。据工信部统计预测,未来三年将是我国人工智能产业人才需求相对集中的时期,尤其是能将人工智能与应用领域高效融合的跨界型人才极为紧缺。

本书以党的二十大精神为指导,依托《国家中长期教育改革和发展规划纲要(2010—2020年)》而编写,旨在介绍先进的新技术思想,继承我国教学的优秀传统,体现新技术的发展方向。本书内容全面体现实践性,包括了大量案例,理论介绍也从实践需求、实践运用出发。

一、教材结构与内容

本书首先介绍基础,全面系统地阐述人工智能理论、发展和技术体系的基本框架。在叙述知识和领域应用的同时,加入丰富的实例,由浅入深地介绍知识点。本书可以引导读者快速掌握人工智能的基本知识,进而对人工智能在各领域中的研究进行学习，重点突出，便于理解。

本书结构上采用"情境体验、问题思考、技能学习、活动探究"的方式，将学习与探究进行了整合，还设计了信息技术的拓展活动。全书内容共八个模块。模块一介绍人工智能的基本概念、发展简史，并着重介绍人工智能的主要研究内容与各种应用，以开阔读者的视野，引导读者进入人工智能各个研究领域。模块二～五分别从技术角度阐述人工智能的基本原理和技术基础，重点论述自然语言处理、图像识别、机器学习和神经网络等关键通用技术，并介绍行业应用，同时引入大量课外延伸事例。读者可根据专业需要选择其中几个行业应用案例进行重点学习，感受人工智能技术与行业的融合；模块六、七介绍人工智能与产业发展在各行业中的应用，进而探索人工智能与未来职业发展方向。模块八介绍人工智能的产业案例——科大讯飞中部某县"智医助理"项目书。

本书内容上强调人工智能知识的基础性、科普性、综合性、趣味性和可读性，使读者掌握人工智能的主要思想和应用人工智能技术解决专业领域问题的基本思路，拓宽科学视野，紧追科技前沿，培养创新精神。本书适合作为普通高校各专业人工智能通识课程教材，也可作为自然科学、社会科学以及人工智能交叉学科从业人员及爱好者的参考用书。

二、教材建设方案

本书由从事人工智能研究的教育工作人员和企业技术开发人员共同编写，以全面、基础、典型、新颖为原则，以人工智能的经典著作为依据，同时兼顾该学科的当前热点。每个模块配有与之对应的习题，引发学生对问题的思考、分析和解决，注重培养学生解决实际问题的能力。针对非计算机专业学生快速掌握人工智能基本知识的需求，进行整个课程及教材的设计，包括课程及教材定位、课程目标、内容选择、教学模式四个环节。

课程及教材定位：本书属于现代信息技术产品使用类课程教材。

课程目标：培养非计算机专业学生认识和学习人工智能知识。提高新一代信息技术人才培养质量，满足数字经济发展的人才需求，为实现经济高质量发展提供人才支撑。

内容选择：秉持"教育即生活"的理念，根据社会的实际需求选取教学内容，着重选取主要应用领域，按照由基础到综合、由浅到深的顺序构建教学内容。

教学模式： 为了突出"传授知识、培训技能与提高素质相结合"的特色，在教学中采用PBL教学模式（以问题为导向的教学方法），将"以实际需求为导向，以学乐康为目标"的教学理念贯彻到课程教学的实践中，通过大量来自生活实际需求的案例，让学生在解决问题的过程中全面提高素质。

本书采用PBL教学模式，采用"先问题，后学习"、多种学习途径相结合的教学策略，可以促进学生不断思考，从一个个鲜活的生活案例入手，通过PBL问题导向教学模式，实现了课堂学习与课外训练相结合、模拟操作与生活实践相结合，使学生对人工智能技术使用和职业发展相结合的思考得到有效深化。

本书按照16周的教学安排，每一单元设重点内容和学习要点在实际生活的应用。对于难理解的内容，用图表形式帮助学习。全部内容使用的平台、软件等均使用国内自主研发的相关技术，不仅让学生了解新技术的发展和应用，也培养爱国情怀。结构上基于技术的发展方向，通过生活中的实际案例深度模拟，符合学生的认知规律；授课形式使用微课讲解，灵活教学、调动积极性。

本书编写人员是郑州信息科技职业学院老师，具有丰富的教学经验和企业工作经验，同时吸纳行业专家，融入校企合作成果。其中向春枝、范颖任主编，王宇、刘梦任副主编，刘亚同、张雪、李新涛、崔艳参与了编写。具体编写分工为：模块一由向春枝、张雪编写，模块二、三由范颖、李新涛编写，模块四、五由刘梦、崔艳、刘亚同编写，模块六、七、八由刘亚同、王宇编写。全书由向春枝、范颖统稿。本书是面向非计算机专业的人工智能通识课教材，也适用于在职教师的培训。

鉴于时间仓促等多方面原因，本书肯定还存在不足和疏漏之处，敬请广大读者批评指正。

编 者

2024年10月

目　录

模块一　人工智能简介 / 1

单元一　迈向人工智能的第一步 / 1
　　1.1.1　人工智能的概念 / 1
　　1.1.2　人工智能的特征 / 2
　　1.1.3　人工智能的学派 / 3
　　延伸：人工智能的诞生 / 7

单元二　人工智能发展史及发展趋势 / 8
　　1.2.1　人工智能发展的三个阶段 / 8
　　1.2.2　人工智能未来发展趋势 / 12

单元三　人工智能与信息安全 / 14
　　1.3.1　数据隐私 / 14
　　1.3.2　数据干扰 / 14
　　1.3.3　数据保护 / 15

单元四　人工智能的应用领域 / 16
　　1.4.1　人工智能与制造业 / 16
　　1.4.2　人工智能与教育 / 18
　　1.4.3　人工智能与医疗 / 19

小结 / 20

模块二　模式识别与机器视觉——人脸识别助力 / 21

单元一　机器思维 / 22
　　2.1.1　从人类视觉到机器视觉 / 22
　　2.1.2　生活中的"慧眼"——机器视觉 / 25

2.1.3　模式识别与机器学习 / 29

小故事：计算机科学之父——图灵 / 32

单元二　智慧工业：自动化解放双手 / 32

2.2.1　物流中的自动分拣 / 33

2.2.2　视觉焊接机器人 / 35

2.2.3　汽车检测与装配 / 36

思考：机器视觉会取代人类视觉吗 / 38

单元三　智慧医疗：延缓衰老不是梦 / 39

2.3.1　图像识别帮医生看片子 / 39

2.3.2　手术机器人为你做手术 / 40

2.3.3　自动检测帕金森病 / 43

思考：你信任 AI 医生吗 / 44

单元四　智慧交通 / 44

2.4.1　智能红绿灯检测 / 45

2.4.2　疲劳驾驶检测和预警 / 47

2.4.3　智能停车场车位检测 / 49

思考：未来交通的样子 / 51

单元五　智慧生活 / 51

2.5.1　人脸智能检测与美颜 / 52

2.5.2　安防监控 / 55

2.5.3　AI 拯救老旧照片 / 57

思考：你生活中基于计算机视觉的应用有哪些 / 58

小结 / 60

模块三　自然语言理解与机器翻译 / 61

单元一　自然语言理解 / 62

3.1.1　认识自然语言理解 / 62

3.1.2　自然语言理解的难点 / 63

3.1.3　对话机器人"伊莉莎" / 64

3.1.4　自然语言问答系统 / 65

3.1.5　自然语言情报检索系统 LUNAR / 67

延伸：对话机器人从通用到场景化 / 67

单元二　机器翻译 / 68

　　3.2.1　认识机器翻译 / 68

　　3.2.2　跨越语言鸿沟——百度翻译 / 69

　　3.2.3　首台具有人类感情的机器人——Pepper / 70

　　3.2.4　人工智能与人的情感连接到底是否可能 / 71

　　延伸：机器翻译目前还无法完全取代人类 / 72

单元三　自然语言理解的现实应用 / 72

　　3.3.1　语言学习智能家教——有道翻译王 / 72

　　3.3.2　机器人客服 / 73

　　3.3.3　智能音箱 / 77

　　3.3.4　智能眼镜 / 80

　　3.3.5　微软小冰——开放域的代表 / 81

　　延伸：腾讯 AI Lab 的自然语言理解和生成 / 84

单元四　机器人的听力发育 / 85

　　3.4.1　机器人的听力现状 / 85

　　3.4.2　机器人的未来听力 / 86

　　延伸：机器人多模态感知 / 86

单元五　机器人的社会地位 / 87

　　延伸：机器人对未来社会的影响 / 88

单元六　AI 语言大模型 / 89

　　3.6.1　大模型概述 / 89

　　3.6.2　大语言模型概述 / 91

　　3.6.3　大语言模型产品对比 / 92

　　延伸：国产自研文心一言 / 94

小结 / 95

模块四　人工智能与机器人 / 96

单元一　机器的大脑 / 96

　　4.1.1　机器思考的基础 / 97

　　4.1.2　机器人的基本结构 / 99

4.1.3 那些聪明"机器人" / 100

延伸：月球探测器——玉兔号 / 103

单元二 进化中的机器 / 104

4.2.1 可穿戴机器人 / 104

4.2.2 人工大脑 / 106

延伸：记忆是否可以转化为数据上传至网络 / 106

单元三 AI 重塑制造业 / 107

4.3.1 永不休息的工人 / 107

4.3.2 无人仓、无人机及无人车 / 108

4.3.3 智能制造——3D 打印 / 109

延伸：大疆——无人机领域的佼佼者 / 110

单元四 机器与社会 / 111

4.4.1 AI+ 教育 / 111

4.4.2 机器创作艺术 / 112

4.4.3 万物智联 / 113

延伸：鸿蒙 OS——国产自主操作系统 / 114

小结 / 115

模块五 人工智能与博弈 / 116

单元一 机器学习概述 / 116

5.1.1 机器学习的种类及内容 / 117

5.1.2 监督学习 / 117

5.1.3 无监督学习 / 118

5.1.4 半监督学习 / 120

5.1.5 强化学习 / 120

思考：应在什么时候使用监督学习、无监督学习和强化学习 / 122

单元二 人机博弈的前世今生 / 122

5.2.1 半个世纪前的西洋跳棋 AI 程序击败人类选手 / 122

5.2.2 IBM 深蓝战胜国际象棋世界冠军 / 124

5.2.3 AlphaGo 战胜围棋世界冠军李世石 / 127

5.2.4 星际争霸的大师级玩家 AlphaStar / 129

延伸：脑科学——未来类人智能 / 133

单元三　人工智能助力天气预测 / 134

5.3.1　天气预报发展现状 / 134

5.3.2　人工智能对天气预报的影响 / 135

5.3.3　人工智能助力天气预测的应用案例 / 136

思考：人工智能预报天气是否跟人类预报员存在竞争 / 139

单元四　人工智能与电子商务 / 139

5.4.1　智能推荐 / 139

5.4.2　人工智能在电子商务中的应用 / 141

5.4.3　"信息茧房"与"大数据杀熟" / 143

思考："大数据杀熟"如何监管与治理 / 145

单元五　人工智能助力宇宙探索 / 146

5.5.1　人工智能帮助人类描绘月球地图 / 146

5.5.2　人工智能与中国天眼 / 147

5.5.3　从博弈论角度看区块链 / 149

思考：人工智能在太空探索中的终极考验 / 151

小结 / 152

模块六　人工智能与产业发展 / 153

单元一　人工智能与产业发展概述 / 153

6.1.1　人工智能与产业发展融合潜力巨大 / 154

6.1.2　人工智能与产业发展融合的思路、路径 / 155

6.1.3　人工智能对未来工作的影响 / 156

延伸：2011—2020年人工智能发展报告 / 158

单元二　人工智能与传统产业深度融合案例 / 160

6.2.1　人工智能助力生产制造业 / 160

6.2.2　人工智能重塑语言服务行业 / 162

6.2.3　人工智能新闻业的崛起 / 165

思考："未来的工作"与"工作的未来" / 167

小结 / 168

模块七 人工智能与未来职业 / 169

单元一 人工智能时代的人才需求 / 169
    7.1.1 人工智能时代人才培养的要求 / 170
    7.1.2 人工智能时代人才培养的困境 / 172
    7.1.3 人工智能时代人才培养的路径 / 173

单元二 人工智能与未来职业发展 / 177
    7.2.1 人工智能带来的新职位 / 177
    7.2.2 智能系统的维护岗位 / 177
    7.2.3 人工智能无法取代的岗位 / 179
    延伸：技术之思——人工智能的本质 / 180

小结 / 181

模块八 人工智能产业案例——科大讯飞中部某县"智医助理"项目书 / 182

单元一 项目概况 / 182
    8.1.1 建设背景 / 182
    8.1.2 建设目标 / 183
    8.1.3 建设内容 / 183

单元二 现状及需求分析 / 184
    8.2.1 现状分析 / 184
    8.2.2 存在问题及痛点 / 184
    8.2.3 需求分析 / 185

单元三 建设方案 / 187

单元四 建设内容 / 189
    8.4.1 智医助理辅助诊断系统 / 189
    8.4.2 智医助理运行监管系统 / 194
    8.4.3 智能语音外呼系统设计 / 197

单元五 效益分析 / 199

小结 / 199

模块一

人工智能简介

引言：

2016年对于人工智能（artificial itelligence，AI）来说是一个特殊的年份。2016年3月，阿尔法围棋（AlphaGo）战胜围棋世界冠军、职业九段棋手李世石，让近十年来再一次兴起的人工智能技术走向台前，进入公众的视野。近几年中，各国政府都把人工智能当作未来的战略主导，出台战略发展规划，从国家层面进行整体推进；各大科技公司相继成立人工智能实验室，抢占人工智能市场，各大高校、科研机构纷纷设立人工智能学院、学科。学术研究和商业化的同时推进，正在将人工智能产品化、服务化。人工智能研究产业化的赛道正在迅速铺开。

人工智能的定义因这一领域的进步而不断更新。人工智能领域由于其长达60余年的历史和涉及范围的广泛，因此拥有比一般科技领域更复杂、更丰富的概念。

知识导图：

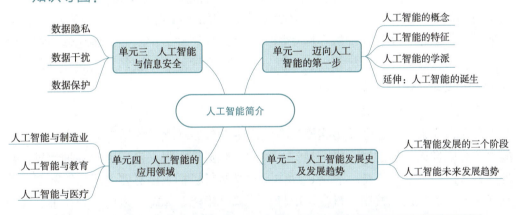

单元一 迈向人工智能的第一步

当前，人工智能在社会上无处不在，本单元将从人工智能的定义、特征、学派等方面简单介绍。

1.1.1 人工智能的概念

人工智能是研究、开发用于模拟、延伸和扩展人的智能的理论、方法、技术及应用系统的一门新的技术科学。人类日常生活中的许多活动，如数学计算、观察、对话、学习等，都涉及智能。智能可以预测股票、看得懂图片或视频，也可以和其他人进行文字或语言上的交流，不断督促自我完善知识储备。在人们的理想中，如果机器能够执行这些任务中的一种或几种，就可以认为该机器已具有某种性质的"人工智能"。时至今日，人工智能概念的内涵已经被大大扩展，它涵盖了计算机科学、统计学、脑神经学、社会科学等诸多领域，是一门交叉学科。人们希望通过对人工智能的研究，能将它用于模拟和扩展人的智能，辅助甚至代替人们实现多种功能，包括识别、认知、分析、决策等。

人工智能提供的是为全产业升级的技术工具，是赋能各大产业的底层技术。人工智能是体系化的技术组合，拥有图像识别、自然语言处理、机器学习中的一种或几种能力。

1.1.2　人工智能的特征

1. 提供服务——计算与数据

从根本上说，人工智能系统必须以人为本。人工智能系统是人类设计出的机器，按照人类设定的程序逻辑或软件算法通过人类发明的芯片等硬件载体来运行或工作，其本质体现为计算，通过对数据的采集、加工、处理、分析和挖掘，形成有价值的信息流和知识模型，来为人类提供延伸人类能力的服务，来实现对人类期望的一些"智能行为"的模拟，在理想情况下必须体现服务人类的特点。

在生活中，人工智能的相关商品已经从单一的智能转向集成功能的产品开发，这是市场占有的关键，也是激烈竞争的焦点。例如，智能手机集成了音频、视频、语音识别、照相、图像处理等多种功能，已经取代了许多种产品；多功能可穿戴设备、具有超强战斗能力的机器人也相继出现。综合性能人工智能产品的开发，将为社会提供更加便捷的服务。

2. 智能化——人机交互

人工智能系统应能借助传感器等器件产生对外界环境（包括人类）进行感知的能力，可以像人一样通过听觉、视觉、嗅觉、触觉等接收来自环境的各种信息，对外界输入产生文字、语音、表情、动作（控制执行机构）等必要的反应，甚至影响到环境或人类。借助按钮、键盘、鼠标、屏幕、手势、体态、表情、力反馈、虚拟现实/增强现实等方式，人与机器间可以产生交互与互动，使机器设备越来越"理解"人类乃至与人类共同协作、优势互补。人工智能系统能够帮助人类做人类不擅长、不喜欢但机器能够完成的工作，而人类则适合去做更需要创造性、洞察力、想象力、灵活性、多变性乃至用心领悟或需要感情的一些工作。

3. 学习型——自我演化

人工智能系统在理想情况下应具有一定的自适应特性和学习能力，即具有一定的随环境、数据或任务变化而自适应调节参数或更新优化模型的能力；并且，能够在此基础上通过与云、端、人、物进行越来越广泛的数字化连接扩展，实现机器客体乃至人类主体的演化迭代，以使系统具有适应性、灵活性、扩展性，来应对不断变化的现实环境，从而应用于各行各业。

1.1.3 人工智能的学派

根据前面的论述可知，要理解人工智能，就要研究如何在一般的意义上定义知识，可惜的是，准确定义知识也是件十分复杂的事情。严格来说，人们最早使用的知识定义是柏拉图在《泰阿泰德篇》中给出的，即"被证实的、真的和被相信的陈述"（justified true belief，简称JTB条件）。

然而，这个延续了两千多年的定义在1963年被哲学家盖梯尔否定了。盖梯尔提出了一个悖论（简称"盖梯尔悖论"）。该悖论说明柏拉图给出的知识定义存在严重缺陷。虽然后来人们给出了很多知识的替代定义，但直到现在仍然没有定论。

关于知识，至少有一点是明确的，那就是知识的基本单位是概念。要掌握任何一门知识，都必须从这门知识的基本概念开始学习。而知识自身也是一个概念。因此，如何定义一个概念，对于人工智能具有非常重要的意义。给出一个定义看似简单，实际上是非常难的，因为经常会涉及自指的性质（自指：词性的转化——由谓词性转化为体词性，语义则保持不变）。一旦涉及自指，就会出现非常多的问题，很多的语义悖论都出于概念自指。自指与转指这一对概念最早出自朱德熙的《自指与转指》。陆俭明在《八十年代中国语法研究》中说："自指和转指的区别在于，自指单纯是词性的转化——由谓词性转化为体词性，语义则保持不变；转指则不仅词性转化，语义也发生变化，尤指行为动作或性质本身转化为指与行为动作或性质相关的事物。"

举例：

①教书的来了（"教书的"是转指，转指教书的"人"）；教书的时候要认真（"教书的"语义没变，是自指）。

②Unplug一词的原意为"不使用（电源）插座"，是自指；常用来转指为不使用电子乐器、不经过电子设备的修饰加工的现场化的流行音乐表演形式。

知识本身也是一个概念。据此，人工智能的问题就变成了如下三个问题：①如何定义（或者表示）一个概念？②如何学习一个概念？③如何应用一个概念？因此，对概念进行深入研究就非常必要了。

那么，如何定义一个概念呢？简单起见，这里先讨论最为简单的经典概念。经典概念的定义由三部分组成：第一部分是概念的符号表示，即概念的名称，说明这个概念叫什么，简称概念名；第二部分是概念的内涵表示，由命题来表示，命题就是能判断真假的陈述句；第三部分是概念的外延表示，由经典集合来表示，用来说明与概念对应的实际对象是哪些。

举一个常见经典概念的例子——素数，其内涵表示是一个命题，即只能够被1

和自身整除的自然数。

概念有什么作用呢？或者说概念定义的各个组成部分有什么作用呢？经典概念定义的三部分各有作用，且彼此不能互相代替。具体来说，概念有三个作用或功能，要掌握一个概念，必须清楚其功能。

第一个功能是概念的指物功能，即指向客观世界的对象，表示客观世界的对象的可观测性。对象的可观测性是指对象对于人或者仪器的知觉感知特性，不依赖于人的主观感受。当我们谈论"苹果"这个概念时，它必须能够与我们看到、摸到或尝到的实际苹果建立联系，才能更好地传递我们对苹果的认知和描述。同时，不同语言和文化中，词汇和概念的使用也可能存在差异，因此在跨语言和跨文化的交流中，需要注意语境和文化背景的不同可能会影响理解和表达。

第二个功能是指心功能，即指向人心智世界中的对象，代表心智世界中的对象表示。概念不仅限于客观事物的描述，也可以用来表达主观体验、情感和心理状态等抽象的概念。概念的指心功能一定存在。如果对于某一个人，一个概念的指心功能没有实现，则该人不会理解该概念。

第三个功能是指名功能，即指向认知世界或者符号世界表示对象的符号名称，这些符号名称组成各种语言。最著名的例子是乔姆斯基的"colorless green ideas sleep furiously"，这句话翻译成中文是"无色的绿色思想在狂怒地休息"。这句话没有什么具体含义，但是完全符合语法，纯粹是在语义符号世界中，即仅仅指向符号世界而已。当然也有另外，"鸳鸯两字怎生书"指的就是"鸳鸯"这两个字组成的名字。一般情形下，概念的指名功能依赖于不同的语言系统或者符号系统，由人类所创造，属于认知世界。同一个概念在不同的符号系统中，概念名不一定相同，如汉语称"雨"，英语称rain。

根据波普尔的理论，认知世界、物理世界与心理世界三个世界虽然相关，但各不相同。因此，一个概念的三个功能虽然彼此相关，也各不相同。更重要的是，人类文明发展至今，这三个功能不断发展，都越来越复杂，但概念的三个功能并没有改变。

在现实生活中，如果要了解一个概念，就需要知道这个概念的三个功能：要知道概念的名字，也要知道概念所指的对象（可能是物理世界），更要在自己的心智世界里具有该概念的形象（或者图像）。知道了概念的三个功能之后，就可以理解人工智能的三个学派以及各学派之间的关系。

人工智能也是一个概念，而要使一个概念成为现实，自然要实现概念的三个功能。人工智能的三个学派关注于如何才能让机器具有人工智能，并根据概念的不同功能给出了不同的研究路线。专注于实现人工智能指名功能的人工智能学派称为符号主义，专注于实现人工智能指心功能的人工智能学派称为连接主义，专注于实现人工智能指物功能的人工智能学派称为行为主义。

1. 符号主义

符号主义的代表人物是西蒙与纽厄尔，他们提出了物理符号系统假设，即只要在符号计算上实现了相应的功能，那么在现实世界就实现了对应的功能，这是智能的充分必要条件。因此，符号主义认为，只要在机器上是正确的，在现实世界就是正确的。即指名对了，指物自然正确。

哲学上，关于物理符号系统假设也有一个著名的思想实验——图灵测试。图灵测试要解决的问题就是如何判断一台机器是否具有智能。

图灵测试将智能的表现完全限定在指名功能里。但只在指名功能中实现了概念的功能，并不能说明一定实现了概念的指物功能。实际上，根据指名与指物的不同，哲学家约翰·塞尔勒专门设计了一个思想实验用来批判图灵测试，这就是中文屋实验。

中文屋实验明确说明，即使符号主义成功了，这全是符号的计算和现实世界也不一定有关联，即完全实现指名功能也不见得具有智能。这是哲学上对符号主义的一个正式批评，明确指出了按照符号主义实现的人工智能不等同于人的智能。

虽然如此，符号主义在人工智能研究中依然扮演了重要角色，其早期工作的主要成就体现在机器证明和知识表示上。在机器证明方面，早期西蒙与纽厄尔做出了重要的贡献，王浩、吴文俊等也得出了重要的结果。机器证明以后，符号主义最重要的成就是专家系统和知识工程，最著名的学者就是费根鲍姆。如果认为沿着这条路就可以实现全部智能，显然存在问题。日本第五代智能机就是沿着知识工程这条路走的，其后来的失败在现在看来是完全合乎逻辑的。

实现符号主义面临的现实挑战主要有三个。第一个是概念的组合爆炸问题。每个人掌握的基本概念大约有五万个，其形成的组合概念却是无穷的。因为常识难以穷尽，推理步骤可以无穷。第二个是命题的组合悖论问题。两个都是合理的命题，合起来就变成了无法判断真假的句子，比如柯里悖论（Curry's paradox）。第三个也是最难的问题，即经典概念在实际生活当中是很难得到的，知识也难以提取。上述三个问题成了符号主义发展的瓶颈。

2. 连接主义

连接主义认为大脑是一切智能的基础，主要关注大脑神经元及其连接机制，试图发现大脑的结构及其处理信息的机制，揭示人类智能的本质机理，进而在机器上实现相应模拟。前面已经指出知识是智能的基础，而概念是知识的基本单元，因此连接主义实际上主要关注概念的心智表示及其如何在计算机上实现，这对应着概念的指心功能。2016年发表在 *Nature* 上的一篇学术论文揭示了大脑语义地图的存在性，文章指出概念可以在每个脑区找到对应的表示区，概念的心智表示是存在的。因此，连接主义也有其坚实的物理基础。

连接主义学派的早期代表人物有麦卡洛克、皮茨、霍普菲尔德等。按照这条路，连接主义认为可以实现完全的人工智能。对此，哲学家普特南设计了"缸中之脑实验"，如图1-1所示，可以看作对连接主义的一个哲学批判。

缸中之脑实验描述如下：一个人（可以假设是你自己）被邪恶科学家进行了手术，脑被切下来并放在存有营养液的缸中。脑的神经末梢被连接在计算机上，同时计算机按照程序向脑传递信息。对于这个人来说，人、物体、天空都存在，神经感觉等都可以输入，这个大脑还可以被输

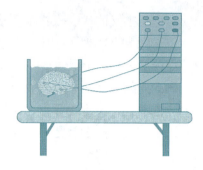

图1-1 缸中之脑实验

入、截取记忆，如截取掉大脑手术的记忆，然后输入他可能经历的各种环境、日常生活，甚至可以被输入代码，"感觉"到自己正在阅读这一段有趣而荒唐的文字。

缸中之脑实验说明即使连接主义实现了，指心没有问题，但指物依然存在严重问题。因此，连接主义实现的人工智能也不等同于人的智能。

尽管如此，连接主义仍是目前最为大众所知的一条人工智能实现路线。在围棋上，采用了深度学习技术的阿尔法围棋战胜了李世石，之后又战胜了柯洁。在机器翻译上，深度学习技术已经在某种程度上超过了人的翻译水平。在语音识别和图像识别上，深度学习也已经达到了实用水准。客观地说，深度学习的研究成就已经取得工业级的进展。

但是，这并不意味着连接主义就可以实现人的智能。更重要的是，即使要实现完全的连接主义，也面临极大的挑战。到现在为止，人们并不清楚人脑表示概念的机制，也不清楚人脑中概念的具体表示形式和组合方式等。现在的神经网络与深度学习与人脑的真正机制距离尚远。

3. 行为主义

行为主义假设智能取决于感知和行动，不需要知识、表示和推理，只需要将智能行为表现出来即可，即只要能实现指物功能就可以认为具有智能了。这一学派的早期代表作是布鲁克斯（Brooks）的六足爬行机器人。

对此，哲学家普特南也设计了一个思想实验，可以看作对行为主义的哲学批判，这就是"完美伪装者和斯巴达人"。完美伪装者可以根据外在的需求进行完美的表演，需要哭的时候可以哭得撕心裂肺，需要笑的时候可以笑得兴高采烈，但是其内心可能始终冷静如常。斯巴达人则相反，无论其内心是激动万分还是心冷似铁，其外在总是一副泰山崩于前而色不变的表情。完美伪装者和斯巴达人的外在表现都与内心没有联系，这样的智能如何从外在行为进行测试？因此，行为主义路线实现的人工智能也不等同于人的智能。

对于行为主义路线，其面临的最大实现困难可以用莫拉维克悖论来说明。所谓

莫拉维克悖论，是指对计算机来说困难的问题是简单的、简单的问题是困难的，最难以复制的反而是人类技能中那些无意识的技能。目前，模拟人类的行动技能面临很大挑战。

人工智能研究进程中的这三种假设和研究范式推动了人工智能的发展。就人工智能三大学派的历史发展来看，符号主义认为认知过程在本体上就是一种符号处理过程，人类思维过程总可以用某种符号来进行描述，其研究是以静态、顺序、串行的数字计算模型来处理智能，寻求知识的符号表征和计算，它的特点是自上而下。连接主义则是模拟发生在人类神经系统中的认知过程，提供一种完全不同于符号处理模型的认知神经研究范式。主张认知是相互连接的神经元的相互作用。行为主义与前两者均不相同。它认为智能是系统与环境的交互行为，是对外界复杂环境的一种适应。这些理论与范式在实践之中都形成了自己特有的问题解决方法体系，并在不同时期有成功的实践范例。就解决问题而言，符号主义有从定理机器证明、归结方法到非单调推理理论等一系列成就。连接主义有归纳学习，行为主义有反馈控制模式及广义遗传算法等解题方法。它们在人工智能的发展中始终保持着一种经验积累及实践选择的证伪状态。

延伸： 人工智能的诞生

很长时间以来，人们对人脑的认识都停留在想象阶段，直到19世纪70年代神经元染色技术的出现才开启了现代神经科学。人脑中有1 000亿个神经元，这个数量超过整个银河系所有恒星的总数。如果以集成电路作类比，2019年华为海思发布的ARM架构手机芯片"麒麟990"，晶体管数量为103亿。单比复杂度，手机芯片可勉强达到人脑1/10的水平。再对比性能，每个神经元平均有5 000个突触连接着其他神经元，每秒可产生约1 000个脉冲信号。如果把每次神经信号传输等价为一次"计算"，那么人脑的最大计算能力是每秒50亿亿次，换算成衡量CPU性能的每秒浮点运算次数（FLOPS），相当于5亿GFLOPS。即使超级计算机"天河二号" 5 000万GFLOPS的算力，也只相当于人脑的1/10。大脑中不同的数据分布在千亿个神经元组成的庞大网络中，彼此之间相互连接，这就是大脑的底层原理——神经网络，如图1-2所示。

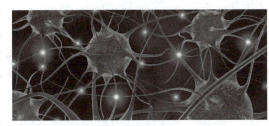

图1-2 神经网络

神经元的结构很简单，中间是一只球形的细胞体，一头长出许多细小而茂盛的神经纤维分支（称为树突），用来接收其他神经元传来的信号，另一头伸出一根长长的突起纤维（称为轴突），用来把自己的信号传给其他神经元。神经元运作的原理可以抽象为一个水桶，当树突灌进足够多的水（信号），使得水位上升到足够高（阈值）时，轴突这根水管才会喷发出水来（激发），而喷出来的水流入下一只水桶（传输）。喷射完后，水位突然下降，要休息一段时间才能再次喷射（不应期）。

用计算机也可以模拟神经网络模型，哪怕一个神经元也可以当作一个决策系统。比如，出去吃饭还是叫外卖，这个决策模型通常取决于三个因素：下雨吗？远不远？和谁去？每个因素可以根据程度不同，用一个小数表示。比如第一项因素：$X_1=1.0$代表晴空万里，$X_1=0.5$代表多云转小雨，$X_1=0$代表瓢泼大雨，其他因素依此类推，最后设置阈值$T=5$，只要输入总和大于T值，就决定出去吃饭；否则就叫外卖。只要有足够的神经元，这些神经元组成足够多的层级，再加上恰到好处的模型参数，神经网络就可以把任何输入变成输出。神经网络的潜力远远超出基于逻辑门电路的传统计算机。用硅晶和电力运行的机器版神经网络，可以模仿依靠生物细胞构成的大脑版神经网络，只是现在大部分情况下还没能超过大脑的实力，但这孕育了无限的潜力。

单元二　人工智能发展史及发展趋势

如同蒸汽时代的蒸汽机、电气时代的发电机、信息时代的计算机和互联网，每次技术的革新都会有代表性的事物，信息时代最显著的特征就是人工智能的出现。本单元将阐述人工智能的发展历史，并展望未来。

1.2.1　人工智能发展的三个阶段

人工智能是在1956年作为一门新兴学科的名称被正式提出的。自此之后，它已经取得惊人的成就，获得迅速的发展。它的发展历史可归结为孕育、形成、发展三个阶段。

1. 孕育阶段

孕育阶段主要是指1956年以前。自古以来，人们就一直试图用各种机器来代替人的部分脑力劳动，以提高人们征服自然的能力，其中对人工智能的产生、发展有重大影响的主要研究成果包括：

公元前384—前322年，哲学家亚里士多德在《工具论》中提出了形式逻辑的一些主要定律，他提出的三段论至今仍是演绎推理的基本依据。

英国哲学家培根曾系统地提出归纳法，还提出了"知识就是力量"的警句。这对于研究人类的思维过程，以及自20世纪70年代人工智能转向以知识为中心的研究产生了重要影响。

德国数学家和哲学家莱布尼茨提出了万能符号和推理计算的思想，他认为可以建立一种通用的符号语言以及在此符号语言上进行推理的演算。这一思想不仅为数理逻辑的产生和发展奠定了基础，而且是现代机器思维设计思想的萌芽。

英国逻辑学家布尔致力于使思维规律形式化和实现机械化，并创立了布尔代数。他在《思维法则》一书中首次用符号语言描述了思维活动的基本推理法则。

英国数学家图灵在1936年提出一种理想计算机的数学模型，即图灵机，为后来电子数字计算机的问世奠定了理论基础。

美国神经生理学家麦卡洛奇与匹茨在1943年建成了第一个神经网络模型（M-P模型），开创了微观人工智能的研究领域，为后来人工神经网络的研究奠定了基础。

美国爱荷华州立大学的阿塔纳索夫教授和他的研究生贝瑞在1937—1941年开发的世界上第一台电子计算机"阿塔纳索夫-贝瑞计算机（Atanasoff-Berry computer, ABC）"为人工智能的研究奠定了物质基础。

由上面的发展过程可以看出，人工智能的产生和发展绝不是偶然的，它是科学技术发展的必然产物。

2. 形成阶段

形成阶段主要是指1956—1969年。1956年夏季，由当时达特茅斯大学的年轻数学助教、现任斯坦福大学教授麦卡锡（J. McCarthy）联合哈佛大学年轻数学和神经学家、麻省理工学院教授明斯基（M. L. Minsky），IBM公司信息研究中心负责人罗切斯特（N. Rochester），贝尔实验室信息部数学研究员香农（C. E. Shannon）共同发起，邀请普林斯顿大学的莫尔（T. Moore）和IBM公司的塞缪尔（A. L. Samuel）、麻省理工学院的塞尔夫里奇（O. Selfridge）和索罗莫夫（R. Solomonoff）以及兰德（RAND）公司和卡内基梅隆大学的纽厄尔（A. Newell）、西蒙（H. A. Simon）等在美国达特茅斯大学召开了为时两个月的学术研讨会，讨论关于机器智能的问题。会上经麦卡锡提议正式采用了"人工智能"这一术语。麦卡锡因而被称为"人工智能之父"。这是一次具有历史意义的重要会议，它标志着人工智能作为一门新兴学科正式诞生了。此后，美国形成了多个人工智能研究组织，如纽厄尔和西蒙的Carnegie-RAND协作组，明斯基和麦卡锡的MIT研究组，塞缪尔的IBM工程研究组等。

自这次会议之后的十多年间，人工智能的研究在机器学习、定理证明、模式识别、问题求解、专家系统及人工智能语言等方面取得了许多引人注目的成就。

在机器学习方面，1957年罗森布拉特（Rosenblatt）研制成功感知机。这是一种将神经元用于识别的系统，它的学习功能引起了广泛的兴趣，推动了连接机制的研究，但人们很快发现了感知机的局限性。

在定理证明方面，美籍华人数理逻辑学家王浩于1958年在IBM-704机器上用3~5 min证明了《数学原理》中有关命题演算的全部定理（220条），并且证明了谓词演算中150条定理的85%，1965年鲁滨孙（J. A. Robinson）提出了归结原理，为定理的机器证明做出了突破性的贡献。

在模式识别方面，1959年塞尔夫里奇推出一个模式识别程序，1965年罗伯特（Roberts）编制出可分辨积木构造的程序。

在问题求解方面，1960年纽厄尔等人通过心理学试验总结出人们求解问题的思维规律，编制了通用问题求解程序（general problem solver, GPS），可以用来求解11种不同类型的问题。

在专家系统方面，美国斯坦福大学的费根鲍姆（E. A. Feigenbaum）领导的研究小组自1965年开始专家系统DENDRAL的研究，1968年完成并投入使用。该专家系统能根据质谱仪的实验，通过分析推理决定化合物的分子结构，其分析能力已接近甚至超过有关化学专家的水平。该专家系统的研制成功不仅为人们提供了一个实用的专家系统，而且对知识表示、存储、获取、推理及利用等技术是一次非常有益的探索，为以后专家系统的建造树立了榜样，对人工智能的发展产生了深刻的影响，其意义远远超过了系统本身在实用上所创造的价值。

在人工智能语言方面，1960年麦卡锡研制出了人工智能语言（list processing, LISP），成为建造专家系统的重要工具。

1969年成立的国际人工智能联合会议（international joint conferences on artificial intelligence, IJCAI）是人工智能发展史上的里程碑，它标志着人工智能这门新兴学科已经得到世界的肯定和认可。1970年创刊的国际性人工智能杂志*Artificial Intelligence*对推动人工智能的发展、促进研究者的交流起到了重要的作用。

3. 发展阶段

发展阶段主要是指1970年以后。进入20世纪70年代，许多国家都开展了人工智能的研究，涌现了大量的研究成果。例如，1972年法国马赛大学的科麦瑞尔（A. Comerauer）提出并实现了逻辑程序设计语言PROLOG；斯坦福大学的肖特利夫（E. H. Shortliffe）等人从1972年开始研制用于诊断和治疗感染性疾病的专家系统MYCIN。

但是，和其他新兴学科的发展一样，人工智能的发展道路也不是平坦的。例如，机器翻译的研究没有像人们最初想象的那么容易。当时人们总以为只要一部双向词典及一些词法知识就可以实现两种语言文字间的互译。后来发现机器翻译远非这么简单。实际上，由机器翻译出来的文字有时会出现十分荒谬的错误。例如，当把"眼不见，心不烦"的英语句子"Out of sight, out of mind"，翻译成俄语变成"又瞎又疯"；当把"心有余而力不足"的英语句子"The spirit is willing but the flesh is weak"翻译成俄语，然后再翻译回英语竟变成了"The wine is good but the meat is spoiled"，即"酒是好的，但肉变质了"；当把"光阴似箭"的英语句子"Time flies like an arrow"翻译成日语，然后再翻译回中文的时候，竟变成了"苍蝇喜欢箭"。由于机器翻译出现的这些问题，1960年美国政府顾问委员会的一份报告裁定："还不存在通用的科学文本机器翻译，也没有很近的实现前景。"因此，英国、美国当时中断了对大部分机器翻译项目的资助。在其他方面，如问题求解、神经网络、机器学习等，也都遇到了困难，使人工智能的研究一时陷入了困境。

人工智能研究的先驱者认真反思，总结前一段研究的经验和教训。1977年费根鲍姆在第五届国际人工智能联合会议上提出"知识工程"的概念，对以知识为基础的智能系统的研究与建造起到了重要的作用。大多数人接受了费根鲍姆关于以知识为中心展开人工智能研究的观点。从此，人工智能的研究迎来了蓬勃发展的以知识为中心的新时期。

这个时期中，专家系统的研究在多个领域取得了重大突破，各种不同功能、不同类型的专家系统如雨后春笋般建立起来，产生了巨大的社会效益及经济效益。例如，地矿勘探专家系统PROSPECTOR拥有15种矿藏知识，能根据岩石标本及地质勘探数据对矿藏资源进行估计和预测，能对矿床分布、储藏量、品位及开采价值进行推断，制定合理的开采方案。专家系统MYCIN能识别51种病菌，正确地处理23种抗生素，可协助医生诊断、治疗细菌感染性血液病，为患者提供最佳处方。该系统成功地处理了数百个病例，并通过了严格的测试，显示出了较高的医疗水平。美国DEC公司的专家系统XCON能根据用户要求确定计算机的配置。由专家做这项工作一般需要3 h，而该系统只需要0.5 min，速度提高了360倍。

专家系统的成功，使人们越来越清楚地认识到知识是智能的基础，对人工智能的研究必须以知识为中心来进行。对知识的表示、利用及获取等的研究取得了较大的进展，特别是对不确定性知识的表示与推理取得了突破，建立了主观贝叶斯理论、确定性理论、证据理论等，对人工智能中模式识别、自然语言理解等领域的发展提供了支持，解决了许多理论及技术上的问题。

人工智能在博弈中的成功应用也举世瞩目。人们对博弈的研究一直抱有极大的兴趣。早在1956年人工智能刚刚作为一门学科问世时，塞缪尔就研制出了跳棋程序。这个程序能从棋谱中学习，也能从下棋实践中提高棋艺。1959年它击败了塞缪尔本人，1962年又击败了一个州的冠军。1991年8月在悉尼举行的第12届国际人工智能联合会议上，IBM公司研制的"深思"（Deep Thought）计算机系统与澳大利亚象棋冠军约翰森（D. Johansen）举行了一场人机对抗赛，结果以1∶1平局告终。1957年西蒙曾预测10年内计算机可以击败人类的世界冠军。虽然在10年内没有实现，但40年后深蓝计算机击败国际象棋棋手卡斯帕罗夫（Kasparov），仅仅比预测迟了30年。

1996年2月10日至17日，美国IBM公司出巨资邀请国际象棋棋手卡斯帕罗夫与IBM公司的深蓝计算机系统进行了六局的"人机大战"。这场比赛被人们称为"人脑与电脑的世界决战"。当时的"深蓝"是一台运算速度达每秒1亿次的超级计算机。第一盘，"深蓝"战胜了卡斯帕罗夫给世界棋坛以极大的震动。但卡斯帕罗夫总结经验，稳扎稳打，在剩下的五盘中赢三盘，平两盘，最后以总比分4∶2获胜。1997年5月3日至11日，"深蓝"再次挑战卡斯帕罗夫。这时，"深蓝"是一台拥有32个处理器和强大并行计算能力的RS/6000SP/2的超级计算机，运算速度达每秒2亿次。计算机里存储了百余年来世界顶尖棋手的棋局，5月3日卡斯帕罗夫首战击败"深蓝"，5月4日深蓝扳回一盘，之后双方战平三局。双方的决胜局于5月11日拉开了帷幕，卡斯帕罗夫在这盘比赛中仅仅走了19步便放弃了抵抗，比赛用时只有

1 h多一点。这样，"深蓝"最终以3.5∶2.5的总比分赢得胜利。"深蓝"的胜利表明了人工智能所达到的成就。尽管它的棋路还远非真正的对人类思维方式的模拟，但它已经向世人说明，计算机能够以人类远远不能企及的速度和准确性，实现属于人类思维的大量任务。"深蓝"精湛的残局战略使观战的国际象棋专家大为惊讶。卡斯帕罗夫表示："这场比赛中有许多新的发现，其中之一就是计算机有时也可以走出人性化的棋步。在一定程度上，我不能不赞扬这台机器，因为它对盘势因素有着深刻的理解，我认为这是一项杰出的科学成就。"

1.2.2 人工智能未来发展趋势

人工智能是物联网及工业4.0发展的核心。尤其，当特斯拉（Tesla）推出电动车及苹果（Apple）发表新机iPhoneX推出FaceID之后，让市场体验到人工智能芯片的无限商机。同时，人工智能应用接受度越高的国家，将对其GDP产生贡献愈大，目前来看，未来人工智能发展有八大新趋势。

趋势一：人工智能在各行业垂直领域的应用具有巨大的潜力

人工智能在零售、交通运输和自动化、制造业及农业等各行业垂直领域具有巨大的潜力。而驱动市场的主要因素，是人工智能技术在各种终端用户垂直领域的应用数量不断增加，尤其是改善对终端消费者的服务。

当然，人工智能市场的发展也包括受到信息技术基础设施完善、智能手机及智能穿戴式设备普及等因素的影响。随着自然语言处理的技术不断精进，人工智能广泛应用于汽车信息通信娱乐系统、人工智能机器人及支持人工智能的智能手机等领域。

趋势二：人工智能导入医疗保健行业维持高速增长

由于医疗保健行业大量使用大数据及人工智能，进而精准改善疾病诊断、医疗人员与患者之间人力的不平衡、降低医疗成本、促进跨行业合作关系。此外人工智能还广泛应用于临床试验、大型医疗计划、医疗咨询与宣传推广和销售开发。

趋势三：人工智能取代屏幕成为新 UI/UX 接口

过去从个人计算机到手机时代以来，用户接口都是通过屏幕或键盘来互动。随着智能音箱（smart speaker）、虚拟/增强现实（VR/AR）与自动驾驶车系统陆续进入人类生活环境，在不需要屏幕的情况下，人们也能够轻松自在地与运算系统沟通。这表示着人工智能通过自然语言处理与机器学习让技术变得更为直观，也变得较易操控，未来将取代屏幕。人工智能除了在企业后端扮演重要角色外，在技术接口也可承担更复杂角色。例如，使用视觉图形的自动驾驶车，通过人工神经网络以实现实时翻译，也就是说，人工智能让接口变得更为简单且更有智能，也因此设定了未来互动的高标准模式。

趋势四：未来手机芯片一定内建人工智能运算核心

未来的手机芯片中内建AI运算核心的可能性很大。随着人工智能技术在各行各业的广泛应用，智能手机也不例外。目前，一些高端智能手机的芯片已经开始集成AI加速器，以提升AI计算的效率和速度。

未来，随着人工智能技术的发展和普及，智能手机需要更快、更智能的处理器来支持更多的复杂计算和任务。而内建AI运算核心可以带来更低的功耗和更快的计算速度，为手机提供更好的响应速度和更长的电池续航时间。此外，AI技术的应用还可以让手机更加智能化，例如通过识别图像和语音来实现更准确的搜索和推荐功能等。因此，未来手机芯片中内建AI运算核心的趋势将会更加明显。

趋势五：人工智能芯片关键在于成功整合软硬件

人工智能芯片的核心是半导体及算法。人工智能硬件主要是要求更快指令周期与低功耗，包括GPU、DSP、ASIC、FPGA和神经元芯片，且须与深度学习算法相结合，而成功相结合的关键在于先进的封装技术。总体来说GPU比FPGA快，而在功率效能方面FPGA比GPU好，所以人工智能硬件选择就依产品供货商的需求考虑而定。硬件方面，AI芯片需要具备高效的计算能力和数据处理能力，以及适应不同场景需求的灵活性。同时还需要具备较低的功耗和热量产生，保证在运行时不会过度消耗电池和影响设备的稳定性。而在软件方面，AI芯片需要有高质量的算法库和软件工具，以便开发者可以快速、高效地利用芯片的功能进行应用开发。此外，还需要为芯片提供优秀的开发文档和API接口，以方便开发者理解和使用芯片特性。

因此，AI芯片的设计需要考虑到硬件、软件和生态系统的整体结构。只有通过成功整合软硬件，并建立完善的生态系统，才能够获得更好的性能和用户体验，更好地满足不同应用场景的需求。

趋势六：人工智能自主学习是终极目标

人工智能"大脑"变聪明是分阶段进行的，从机器学习进化到深度学习，再进化至自主学习。目前，仍处于机器学习及深度学习的阶段，若要达到自主学习需要解决四大关键问题。首先，为自主机器打造一个人工智能平台；还要提供一个能够让自主机器进行自主学习的虚拟环境，必须符合物理法则，碰撞、压力、效果都要与现实世界一样；然后再将人工智能的"大脑"放到自主机器的框架中；最后建立虚拟世界入口（VR）。

趋势七：最完美的架构是把CPU和GPU（或其他处理器）结合起来

未来，还会推出许多专门的领域所需的超强性能的处理器，但是CPU通用于各种设备，适用于任何场景。所以，完美的架构是把CPU和GPU（或其他处理器）结合起来。例如，NVIDIA推出CUDA计算架构，将专用功能ASIC与通用编程模型相结合，使开发人员实现多种算法。

趋势八：AR和人工智能互补

未来的人工智能需要AR，未来的AR也需要人工智能，可以将AR比喻成人工智能的眼睛。为了机器人学习而创造的虚拟世界，本身就是虚拟现实。还有，如果要让人进入虚拟环境对机器人进行训练，还需要更多其他技术的支持。

展望未来，随着人工智能、物联网、VR/AR、5G等技术成熟，将带动新一波半导体产业的几十年荣景，包括内存、中央处理器、通信与传感器四大芯片，各种新产品应用芯片需求不断增加，以中国在半导体的庞大市场优势可在全球扮演关键的角色。

单元三　人工智能与信息安全

数字技术正以新理念、新业态、新模式全面融入人类经济、政治、文化、社会、生态文明建设各领域和全过程，给人类生产生活带来广泛而深刻的影响。人工智能充分挖掘和利用数据的相关性，促进了大量数据的采集和流动。通过人工智能终端，后台服务器可以轻易读取个人的活动信息，公共区域高清摄像头随时捕捉行人、行车信息，随之带来的就是信息安全问题。本单元将从数据隐私和数据干扰方面介绍如何在信息时代保护个人信息。

1.3.1　数据隐私

在当前的移动用户数据收集的场景中，随着人工智能技术的发展和移动设备的普及，对用户隐私数据进行收集的现象愈演愈烈。一般地，App运营者可被视为数据收集者，用户可被视为数据提供者。移动用户数据收集的特点主要体现在以下几个方面：首先，在数据收集目的上，数据收集者均出于正义的目标和美好的愿景来收集数据，如发挥数据价值或提供更优质的个性化智能服务；其次，在数据收集方式上，他们都打着"免费使用服务"的名义，或以小恩小惠吸引数据提供者的参与，如一些平台通过优惠活动鼓励用户填写详细个人信息，以收集用户数据；再次，在数据收集过程中，存在欺瞒行为，一些App开发者不告知用户其个人数据的流向及使用目的，请求用户同意数据收集的授权协议通常以"默认勾选"或隐藏选项的方式使用户"被同意"，更甚者通过收集和贩卖用户数据进行非法数据流通；最后，在用户数据的隐私保护上，他们没有采取任何有效的隐私保护措施，诸多企业直接在用户的隐私数据上进行数据分析，用户的隐私岌岌可危。

上述做法不仅威胁着用户的个人隐私，也隐含着国家安全问题，包括国民个人数据的跨境流通问题以及国防安全问题，如与导航和防御相关的天文数据的安全问题。因此，如何有效保护用户隐私与数据安全是当前数据生态面临的主要问题之一。

1.3.2　数据干扰

当下，以神经网络为代表的人工智能技术由于其算法复杂、参数众多、需海量数据驱动等特性使得其自身具有众多安全缺陷。其中，如果在训练阶段攻击者利用人工智能模型的数据驱动特性，针对训练数据以及训练所使用的算法发起攻击，使人工智能模型偏离原本的训练目的，则结果很容易让智能机器人产生安全性问题。

当前绝大多数人工智能算法的所有知识完全依赖训练数据集，攻击者对数据集发起"投毒"，通过向数据集中引入不正确的标签，将人工智能系统的学习引到错误的方向上，以使模型将学到的特征模式与错误的标签相关联，从而实现攻击目的。数据集通常包含数百万个样本，这些样本很多时候来自公共资源。即便数据集由私人收集，攻击者也可能入侵数据存储系统并向其引入中毒样本来破坏本来有效的数据集。已有报告指出，即使训练集中仅含有3%的数据污染，数据投毒依然可以让模型精确度下降11%。

当然，此时也可以采取一定的防御策略。比如，使用可信任的数据集以及云托管平台。训练前运用检测机制，检查数据集是否被污染。设置准确度阈值，在每个训练周期后使用该阈值测试模型，若测试结果发生巨大变化，则极有可能存在数据污染。尽量使用离线训练，一方面攻击者无法从离线训练中得到即时反馈，另一方面也提供了审查数据的机会。

伴随着从业者的增多，人工智能应用大规模出现，其正以高度自动化和自主性的特性，创造出更为巨大的利益。与此同时，伴随着AI-as-a-service的普及，人工智能应用所需专业技能与知识门槛的降低，一定程度上增加了人工智能被恶意使用和滥用的可能性，进一步扩大了以人工智能为载体的安全威胁攻击面。

1.3.3 数据保护

数据保护是指针对个人隐私和机密性信息，采取各种技术、政策和程序来确保其安全和合法使用的措施。数据保护的目标是防止未经授权的访问、使用、泄露、修改、破坏或丢失敏感数据。

在数字化时代，大量敏感数据被存储和传输，如个人身份信息、金融信息、医疗信息等。一旦这些数据泄露，将会带来极高的风险和影响。因此，数据保护已成为一个非常重要的问题，受到了各领域以及政府的广泛关注。

数据保护的实践涉及多个方面，包括技术、法律和政策等。现代技术可以提供加密、身份验证、防火墙等工具来保护数据的安全。法律方面则有相关法规和条例来规范数据的处理和存储。政策方面则需要制定明确的规范和流程来确保组织和企业能够遵守最佳实践和最高标准。

个人数据保护是保护个人隐私的重要手段。以下是一些建议，帮助你更好地保护个人数据。

使用强密码：创建一个强密码并经常更改密码可以有效保护个人账户的安全。

不要泄露个人信息：不要向陌生人、未知网站或电话提供任何个人信息，例如银行账号、地址等。

关注隐私设置：在使用各种应用程序时，确保你阅读并理解隐私政策，并根据个人需求适当调整隐私设置。

安装安全软件：安装安全软件可以帮助识别和阻止恶意软件和网络攻击。

不要使用公共Wi-Fi访问敏感信息：避免在公共Wi-Fi上进行银行交易或诸如此类的敏感活动，因为这些网络可能不够安全。

删除不需要的数据：定期清理存储在设备上的不必要的文件、照片、视频等，以减少被黑客攻击的风险。

保持警觉：要保持警惕并注意不寻常的活动或消息，如果发现有可疑的行为或消息，及时报告给相关机构或服务商。

总之，保护个人数据需要我们保持警惕，采取一些措施来避免个人信息被盗窃或泄漏。这可以帮助我们更好地保护个人隐私和安全，同时也有助于保护我们的资产和财务安全。

单元四　人工智能的应用领域

人工智能发展研究上的热度一直高涨，人们希望借助人工智能去完成人类完成不了的工作，进一步解放生产力。目前人工智能已经应用于生活的各个领域，本单元将从制造业、教育、医疗领域简单介绍人工智能应用。

1.4.1　人工智能与制造业

在人工智能大背景下，各种新技术正在加速人工智能在制造业领域应用。在全社会的热潮和推动下，人工智能在制造业领域的应用取得了一些进展，涌现了一些公司和案例。综合来看，目前人工智能在制造业领域主要有三个方向：视觉检测、视觉分拣和故障预测。

1. 视觉检测

随着图像识别算法的发展，图像识别准确率有了很大的提升。在制造业领域使用图像检测缺陷取得了广泛的应用。国内不少机器视觉公司和新兴创业公司开始研发人工智能视觉缺陷检测设备，如高视科技、阿丘科技、瑞斯特朗等。不同行业对视觉检测的需求各不相同，下面仅列举视觉检测应用方向中的一部分。

高视科技2015年完成了屏幕模组检测设备研发，已向众多国内一线屏幕厂商提供各型设备，可以检测出38类上百种缺陷，且具备智能自学习能力。

阿丘科技推出了面向工业在线质量检测的视觉软件平台AQ-Insight，主要用于产品表面缺陷检测。相比于传统的机器视觉检测，AQ-Insight希望能处理一些较为复杂的场景，如非标物体的识别等，解决传统机器视觉定制化严重的问题。

深圳创业公司瑞斯特朗基于图像识别技术研发了智能验布机，用于布料的缺陷检测，用户可以通过手机给机器下发检测任务，通过扫码生成检测报告。

2. 视觉分拣

工业上有许多需要分拣的作业，采用人工速度缓慢且成本高，如果采用工业机器人，则可以大幅降低成本，提高速度。但是，一般需要分拣的零件是没有整齐摆放的，机器人面对的是一个无序的环境，需要机器人本体的灵活度、机器视觉、软件系统对现实状况进行实时运算等多方面技术的融合，才能实现灵活的抓取。

近年来，国内陆续出现了一些基于深度学习和人工智能技术，解决机器人视觉分拣问题的企业，如埃尔森、梅卡曼德、库柏特、埃克里得、阿丘科技等，通过计算机视觉识别出物体及其三维空间位置，指导机械臂进行正确的抓取。

埃尔森3D定位系统是国内首家机器人3D视觉引导系统，针对散乱、无序堆放工件的3D识别与定位，通过3D快速成像技术，对物体表面轮廓数据进行扫描，形成点云数据，对点云数据进行智能分析处理，加以人工智能分析、机器人路径自动规划、自动防碰撞技术，计算出当前工件的实时坐标，并发送指令给机器人实现抓取定位的自动完成。埃尔森已成为KUKA、ABB、FANUC等机器人厂商的供应商，也为多个世界500强企业提供解决方案。

库柏特的机器人智能无序分拣系统，通过3D扫描仪和机器人实现了对目标物品的视觉定位、抓取、搬运、旋转、摆放等操作，可对自动化流水生产线中无序或任意摆放的物品进行抓取和分拣。系统集成了协作机器人、视觉系统、吸盘/智能夹爪，可应用于机床无序上下料、激光标刻无序上下料，也可用于物品检测、物品分拣和产品分拣包装等。目前能实现规则条形工件100%的拾取成功率。

3. **故障预测**

制造流水线上有大量的工业机器人。如果其中一个机器人出现了故障，当人感知到这个故障时，可能已经造成大量的不合格品，从而带来损失。如果能在故障发生以前就检知，就可以有效做出预防，减少损失。

基于人工智能和物联网（IoT）技术，通过在工厂各个设备加装传感器，对设备运行状态进行监测，并利用神经网络建立设备故障的模型，可以在故障发生前提前进行预测，在发生故障前将可能发生故障的工件替换，从而保障设备的持续无故障运行。

国外人工智能故障预测平台公司Uptake是一个提供运营洞察的SaaS平台，该平台可利用传感器采集前端设备的各项数据，然后利用预测性分析技术以及机器学习技术提供设备预测性诊断、车队管理、能效优化建议等管理解决方案，帮助工业客户改善生产力、可靠性以及安全性。3D Signals也开发了一套预测维护系统，主要基于超声波对机器的运行情况进行监听。

国内玄羽科技主要为高端CNC数控机床服务，用机器学习预判何时需要换刀，将产线停工时间从几十分钟缩短至几分钟。智擎研发了一套通用的故障预警模型，利用机器学习模型处理历史数据，并结合实时的传感器数据，预测设备可能出现的问题，提前通知工作人员更换即将损坏的部件。

总体来讲，人工智能故障预测还处于试点阶段，成熟运用较少。一方面，大部分传统制造企业的设备没有足够的数据收集传感器，也没有积累足够的数据；另一方面，很多工业设备对可靠性的要求极高，即便机器预测准确率很高，不能达到100%，依旧难以被接受。此外，投入产出比不高，也是人工智能故障预测没有投入的一个重要因素，很多人工智能预测功能应用后，如果成功能减少5%的成本，但如果不成功反而可能带来成本的增加，所以不少企业宁愿不用。

除了以上三个主要方向，还有自动NC编程AICAM系统等一些方向，需要行业去探索和发现。总体而言，人工智能在制造业领域的应用才刚刚开始，还有不少潜在应用场景值得去探索和发掘。

1.4.2 人工智能与教育

随着人工智能的不断进步与突破，在大数据、云计算等相关技术的支撑下，人工智能技术被快速应用到社会各领域中，如面向教育领域的、基于人工智能的信息化系统（即"智能教育应用"）可充分利用教育行业大数据，不断学习顶级的专家知识体系。

1. 智能教学系统

智能教学系统是人工智能技术在教育中的重要应用之一，是对计算机辅助教学（computer aided instruction, CAI）相关研究的进一步发展。智能教学系统旨在为学生创造一个优良的学习环境，使学生可以方便快捷地调用各种资源，接受全方位的学习服务。当前的智能教学系统主要依靠智能主体技术进行构建，通过建立教师主体、学生主体、教学管理主体等，根据不同学生的特点来制定和实施相应的教学策略，为学生提供个性化的教学服务。基于网络的分布式智能教学系统可以使原本相隔在不同地区的学生在虚拟的环境之中共同学习，充分利用网络资源，发挥学习者的主动性，带来更好的教学效果。传统教学的最大困难，在于教师难以准确把握每个学生真实的学习情况，导致教学设计与过程难以聚焦到每个学生的真实学习需求，造成时间、精力以及教学资源的浪费。而智慧化的学习平台，能全面、精准记录全班学生的学习状态和效果，快速、准确地帮助教师分析各个环节的得失，从而及时、有效地调整教学策略，助力教师实现分层教学和精准教学，由经验型向科学型转变，有效解决教与学双方的核心问题，真正做到教学相长。

2. 智能网络组卷阅卷系统（intelligent network examine system）

目前无纸化考试已经成为考试的一种重要的新型形式。从广义上来说，无纸化考试包括使用计算机来建立与管理题库、选题组卷、考试与阅卷等多个环节。它不仅从形式上对传统的纸质考试方式进行了创新，对考试的设计与评价环节也有了重大的改进。智能网络组卷系统具有成本低、效率低、保密性好、试卷一致性高，即使在限制条件较多的情况下，仍可以按给定的组卷策略生成满足要求的试卷。同时，基于网络的试题库可以收集广大教师编写的经典习题，集中和共享了教师的劳动成果，确保了试卷的高质量。采用人工智能的阅卷系统能够有效地识别试卷，并减少出错的可能,极大地提高阅卷流程的工作效率。

3. 智能决策支持系统(intelligent decision support system)

智能决策支持系统是人工智能的重要应用之一,是人工智能和决策支持系统相结合,应用专家系统,使决策支持系统能够更充分地应用人类的知识,如关于决策问题的描述性知识,决策过程中的过程性知识,求解问题的推理性知识,通过逻辑推理来帮助解决复杂的决策问题。智能决策支持系统主要由数据库、模型库、方法库、人机接口以及智能部件组成。目前,智能决策支持系统已经成为决策支持系统的主要发展方向,在网络教育领域的应用方面显示出极强的发展潜力和美好的前景。

4. 智能仿真教学系统(intelligent simulation technology)

在远程教育教学中,实验教学是一个不可缺少的教学环节,但目前以教学教务管理为主的网络教学平台很少涉及实验教学内容。智能仿真技术是人工智能与仿真技术的高度集成,它力求克服以往传统仿真的模型及建模方法的局限性,以及建模艰巨、界面单调和结果费解等方面的问题。智能仿真系统在某种程度上可替代仿真专家完成建模、设计实验、理解及评价仿真结果的步骤,并具有一定的学习能力,运用智能仿真系统来开发实验教学课件可以大大节省人力物力,降低开发成本,加快开发速度,缩短开发周期。

1.4.3 人工智能与医疗

人工智能医疗的具体应用包括洞察与风险管理、医学研究、医学影像与诊断、生活方式管理与监督、精神健康、护理、急救室与医院管理、药物挖掘、虚拟助理、可穿戴设备以及其他。总结来看,目前人工智能技术在医疗领域的应用主要集中于以下五个领域。

1. 医疗机器人

机器人技术在医疗领域的应用并不少见,如智能假肢、外骨骼和辅助设备等技术修复人类受损身体,医疗保健机器人辅助医护人员的工作等。目前实践中的医疗机器人主要有两种:一是能够读取人体神经信号的可穿戴型机器人,也称为"智能外骨骼";二是能够承担手术或医疗保健功能的机器人,以IBM开发的达•芬奇手术系统为典型代表。

2. 智能药物研发

智能药物研发是指将人工智能中的深度学习技术应用于药物研究,通过大数据分析等技术手段快速、准确地挖掘和筛选出合适的化合物或生物,达到缩短新药研发周期、降低新药研发成本、提高新药研发成功率的目的。

人工智能通过计算机模拟,可以对药物活性、安全性和副作用进行预测。借助深度学习,人工智能已在心血管药、抗肿瘤药和常见传染病治疗药等多领域取得了新突破。

3. 智能诊疗

智能诊疗就是将人工智能技术用于辅助诊疗中,让计算机"学习"专家医生的医疗知识,模拟医生的思维和诊断推理,从而给出可靠诊断和治疗方案。智能诊疗场景是人工智能在医疗领域重要也是核心的应用场景。

4. 智能影像识别

智能医学影像是将人工智能技术应用在医学影像的诊断上。人工智能在医学影像应用主要分为两部分:一是图像识别,应用于感知环节,其主要目的是将影像进行分析,获取一些有意义的信息;二是深度学习,应用于学习和分析环节,通过大量的影像数据和诊断数据,不断对神经元网络进行深度学习训练,促使其掌握诊断能力。

5. 智能健康管理

智能健康管理是将人工智能技术应用到健康管理的具体场景中,目前主要集中在风险识别、虚拟护士、精神健康、移动医疗、健康干预以及基于精准医学的健康管理。

①风险识别:通过获取信息并运用人工智能技术进行分析,识别疾病发生的风险及提供降低风险的措施。

②虚拟护士:收集病人的饮食习惯、锻炼周期、服药习惯等个人生活习惯信息,运用人工智能技术进行数据分析并评估病人整体状态,协助规划日常生活。

③精神健康:运用人工智能技术对语言、表情、声音等数据进行情感识别。

④移动医疗:结合人工智能技术提供远程医疗服务。

⑤健康干预:运用人工智能对用户体征数据进行分析,定制健康管理计划。

随着社会进步和人们健康意识的觉醒,人们对于提升医疗技术、增强健康的需求也更加急迫。在实际的产业发展中,中国智能医疗仍处于起步阶段,笔者认为,在未来的发展中,国内公司应当加强数据库、算法、通用技术等基础层面的研发与投资力度,在牢固基础的同时进一步拓展智能医疗的应用领域。

小　结

信息技术的发展让全球产业界充分认识到人工智能技术引领新一轮产业变革的重大意义,纷纷调整发展战略。而人工智能正在成为新一轮产业变革的引擎,必将深刻影响国际产业竞争格局和一个国家的国际竞争力。世界各国纷纷把发展人工智能作为提升国际竞争力、维护国家安全的重大战略,加紧积极谋划政策,围绕核心技术、标准规范等强化部署,力图在新一轮国际科技竞争中掌握主导权。2017年7月,国务院发布了《新一代人工智能发展规划》,开启了我国人工智能快速创新发展的新征程。

模块二

模式识别与机器视觉——人脸识别助力

引言：

  曾几何时，图像识别技术似乎还是很陌生的词语，现在却已经越来越贴近人们的生活。近年来比较经典的图像识别技术应用，如百度推出的识图功能，相信大多数人都已经有所体验；当然，在日常生活的当中也少不了识图功能，如网上购物，用购物App扫一下想买的东西，就会立即搜索出此物品的种类和价格。

  这些功能是如何实现的？未来图像识别还会与人们的生活有哪些更深层次的接触？和大数据有没有关系？接下来先从人类视觉到机器视觉认识什么是机器视觉，再学习人工智能技术中模式识别与机器学习的区别，之后从工业、医疗、交通、生活等多个方面探索人工智能。

知识导图：

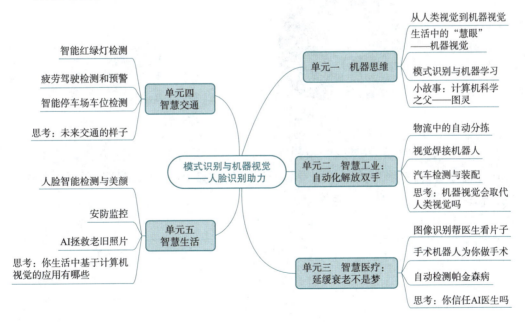

单元一　机　器　思　维

　　人工智能的研究是使计算机模拟人的某些思维过程和智能行为，从而让机器看起来能和人一样具有自己的思维，如学习、推理、思考、规划等。这里提到的机器思维是什么？它和人类思维有什么区别？机器思维是怎么实现的？人工智能时代，信息技术发展给人们带来便利的同时，会不会也同时产生许多值得深入思考的问题？本单元将一一解答这些问题。

2.1.1　从人类视觉到机器视觉

1. 数字图像

　　数字图像（又称数位图像）是二维图像用有限数字数值像素的表示。像素（pixel）是数字图像的基本元素。人们生活中遇到的通常为彩色图像（color Image），每幅彩色图像是由三幅不同颜色的灰度图像组合而成，如图2-1中展示的RGB三原色，一个为红色（R），一个为绿色（G），另一个为蓝色（B）。关于图像的格式，目前比较流行的有光栅图像格式BMP、GIF、JPEG、PNG等，以及矢量图像格式WMF、SVG等。大多数浏览器都支持GIF、JPG以及PNG图像的直接显示。

图2-1　RGB三原色

扫码看彩色的RGB三原色

　　生活中遇到的RGB色彩中，R代表red（红色），G代表green（绿色），B代表blue（蓝色）。自然界中肉眼所能看到的任何色彩都可以由这三种色彩混合叠加而成。表2-1列举出了一些三原色配色。

表2-1　三原色配色

英文名称（中文名称）	RGB色值	十六进制色值
snow（雪色）	255 250 250	#FFFAFA
ghostwhite（鬼白色）	248 248 255	#F8F8FF
whitesmoke（白烟色）	245 245 245	#F5F5F5

2. 人类视觉

人类视觉主要依靠眼睛和大脑来完成对物体的观察和理解，人类通过眼睛对物体进行观察和捕捉；图像信息经视觉神经传给大脑进行分析和理解，大脑能够对视场内的物体进行空间分离，得到物体位置、尺寸、纹理、色彩和运动状态等详细特征信息，从而快速判断物体的名称、类别和分类等属性信息。

人类眼睛的结构决定了人眼视觉的成像过程。图2-2展示了眼睛的结构。人眼视觉成像过程主要分以下三步：

第1步：光线穿过角膜，再通过瞳孔。虹膜控制瞳孔进入的光量。

第2步：光线穿过晶状体，当光线照射到视网膜，感光体细胞会将光线转换成电信号。

第3步：电信号从视网膜通过视神经传播到大脑，最后在大脑中成像。

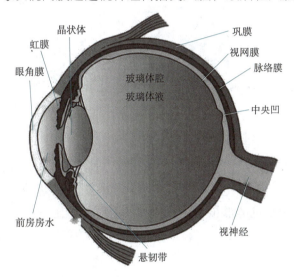

图2-2 眼睛的结构

人类视觉的适应性很强，能够在复杂及变化的环境中识别目标，具有高级智能，运用逻辑分析和推理能力去识别变化的目标，以及总结规律。虽然人类视觉对色彩的分辨能力强，但是极容易受人的心理影响，不能够很好地量化；而且对灰度的分辨能力差，一般只能分辨64个灰度级；在空间分辨能力上也不能够取得很好的效果，不能观看微小的目标。

3. 计算机视觉

计算机视觉技术是通过数据语言中的各种符号以及计算机信息化模式和信息网络平台，进行信息化过程高效传输所产生的一种追踪系统，更形象地说，通过计算机实现视觉信息的有效捕获，从而让信息有更直观的表现力。主要技术有图像分类、对象检测、目标跟踪、语义分割、实例分割等。

计算机视觉通常有两类方法：一类是工程的方法，从分析人类视觉过程的功能着手,并不去刻意模拟人类视觉系统内部结构,而仅考虑系统的输入和输出,并采用任何现有的可行手段实现系统功能;另一类是仿生学的方法,参照人类视觉系统的结构原理,建立相应的处理模块完成类似的功能和工作。

计算机视觉与人类视觉相比有什么区别?可以从以下两个方面来考虑。

(1)人眼存在长短错觉、平行错觉、大小错觉

图2-3中所描述的各种视错觉现象在计算机视觉中会不会发生?答案是否定的。在上述视觉过程中,所求的仅仅是平面形状几何参数的比较或是几何特性,如长短、大小、方向、曲直等。人类在执行这类视觉任务时并没有明显的计算过程,而且对各个形状不是单独地进行感知,人类视觉所发生的错觉都是因为受到其他线条的影响而产生的。在计算机视觉中,平面形状的几何参数和特性通过数值的计算便能获得,不受图中其他形状的影响。

(a)长短错觉　　　　　(b)平行错觉　　　　　(c)大小错觉

图2-3　人眼的错觉

(2)人眼知觉

知觉是人根据以往所获得的知识和经验对感觉到的信息进行解释。知觉不是简单地被刺激模式决定的,而是在有效的资料中寻找最好的解释,比感觉更深入和完整。也就是说,人类视觉能够根据自己的理解对图像做出解释,这是目前计算机视觉无法做到的。

4. 机器视觉

机器视觉是光学成像、人工智能、图像处理等多个领域交叉结合的技术。本质上,机器视觉是图像分析技术在工厂自动化中的应用,通过使用光学系统、工业数字相机和图像处理工具,来模拟人的视觉能力并做出相应决策,最终通过指挥某种特定的装置执行这些决策。工业化生产中所使用的机器视觉,主要是由相机、光源、镜头、图像采集卡、图像处理软件、可编程逻辑控制器(programmable logic controller, PLC)、输出系统等组成。简单来说,机器视觉就是用机器代替人眼,对事物进行观察、测量和判断。

与人类视觉不同,机器视觉的灰度分辨力很强,就目前来说,一般可以使用256灰度级,采集系统具有10 bit、12 bit、16 bit等灰度。现在有4K×4K的面阵摄像机和8K的线阵摄像机,通过配备各种光学镜头,观测的目标可从微米级到天体级。机器视觉对环境的要求不高,适应性极强,另外可以根据需要添加防护装置。

机器视觉的快门时间很快,可达10 μs左右,高速相机的帧率可达1 000 Hz以上,处理器的速度也越来越快。虽然可以利用人工智能神经网络技术,但机器视觉

的智能性很差，不能很好地识别变化的目标。此外，受硬件条件的制约，目前一般的图像采集系统对色彩的分辨能力较差，但具有可量化的优点。机器视觉不断发展，运用先进的控制技术，结合工业镜头，对物体的成像质量和检测标准都有了很大的提升。机器视觉系统组成如图2-4所示。

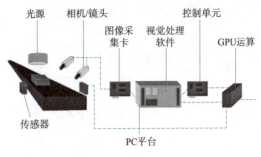

图2-4 机器视觉系统组成

机器视觉与人类视觉相比，具有如下优势：
①识别速度快，每分钟可以识别几百至几千个物体。
②识别精度高，检测精度可达微米级。
③环境要求低，能适应的温度范围广，不惧恶劣环境，可以加装防护罩。
④不疲劳，可持续工作。
⑤不受主观因素影响，检测质量稳定可靠。
⑥持续使用成本低，只需前期投入购买成本，后期只需支付电费费用。

2.1.2 生活中的"慧眼"——机器视觉

据统计，人类获取外部信息的83%源于眼睛，由此可见，视觉是人类观察世界和认知世界的重要手段。通过视觉，人们可以获取外界事物的大小、明暗、颜色、状态等信息，还可以在不需要进行身体接触的情况下，直接与周围环境进行智能交互。

随着信息技术的发展，人们也不遗余力地将人类视觉能力赋予计算机、机器人或各种智能设备。既然人工智能需要像人一样思考和行动，那么发展人工智能，首先就要帮助机器"看懂这个世界"。而机器视觉作为实现工业自动化和智能化的关键核心技术，正成为人工智能发展最快的一个分支。机器视觉对于人工智能的意义，正如眼睛之于人类的价值，重要性不言而喻。

1. 机器视觉的组成

从字面意思理解，"视"是将外界信息通过成像来显示成数字信号反馈给计算机，需要依靠一整套的硬件解决方案，包括光源、相机、图像采集卡、视觉传感器等。"觉"则是计算机对数字信号进行处理和分析，主要是软件算法。因此，机器视觉系统架构主要分为硬件设备和软件算法两部分，其中硬件设备主要包括光源系统、镜头、摄像机、图像采集卡和视觉处理器；软件核心算法主要包括传统的数字图像处理算法和基于深度学习的图像处理算法。机器视觉技术的构成如图2-5所示。

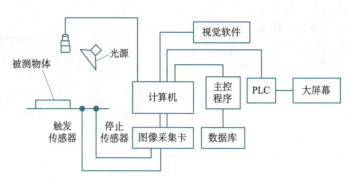

图2-5 机器视觉技术的构成

机器视觉是一项综合技术,包括图像处理、机械工程技术、控制、电光源照明、光学成像、传感器、模拟与数字视频技术、计算机软硬件技术(图像增强和分析算法、图像卡、I/O卡等)。一个典型的机器视觉应用系统包括图像捕捉、光源系统、图像数字化模块、数字图像处理模块、智能判断决策模块和机械控制执行模块。

2. 机器视觉的优势

人类视觉与机器视觉的比较见表2-2。

表2-2 人类视觉与机器视觉的比较

类别	人类视觉	机器视觉
精确性	差,64灰度级,不能分辨微小目标	强,256灰度级,可观测微米级目标
速度性	慢,无法看清快速运动的目标	快,快门时间可达到10 μs
适应	弱,很多环境对身体有害	强,可适应各种恶劣/特殊环境
客观	低,数据无法量化	高,数据可量化
重复	弱,易疲劳	强,可持续工作
可靠	易疲劳,受环境、情绪波动	检测效果稳定可靠
效率	效率低	效率高
信息集成	不容易信息集成	方便信息集成

①从生产效率的角度来说,在大批量重复性工业生产过程中,人类视觉容易疲惫,质量效率低下且精度不高,而机器视觉可以大大提高生产效率和自动化程度。

②从成本控制的角度来说,培训一个合格的操作工需要企业管理者花费大量的人力物力,然而单纯的培训还远远不够,后续还需要花费大量时间,使操作工的水平在实践中得到提升。而机器视觉系统只要设计、调试和操作得当,便可在很长一段时间内不间断使用,同时确保生产效果。另外,由于消除了检测系统与被检验物品之间的直接接触,机器视觉还能够防止物品损坏,防止洁净室受到人为污染,同时可以避免机械部件磨损的维护时间和成本投入。

③在某些特殊工业环境中,如一些不适于人工作业的危险工作环境(如焊接、火药制造),人类视觉可能会对操作工的人身安全造成威胁,而机器视觉从某种程

度上有效地规避了这些风险;或者人类视觉难以满足要求(机械缝隙零件检测)的场合,常用机器视觉来替代人类视觉。

例如,在生产线上,机器视觉系统每分钟能够对数百个甚至数千个元件进行检测。配备适当分辨率的相机和光学元件后,机器视觉系统能够轻松检验物品细节特征。也就是说,机器在某种程度上已经达到人类的水平。在现代自动化生产过程中,机器视觉将会在工况检测、成品检验、质量控制等领域广泛应用。

3. 机器视觉的应用

在不断的发展过程中,机器视觉已经在很多场景下大展身手。在工业领域中的应用主要归为四大类,包括识别、检测、测量、定位和引导,见表2-3。

表2-3 机器视觉的应用

应用领域	示　　例	主要应用行业
识别	标准一维码、二维码的解码	电子产品制造 汽车 消费品行业 食品和饮料业 物流业 包装业
识别	光学字符识别(OCR)和确认(OCV)	
检测	色彩和瑕疵检测	
检测	零部件有无检测	
检测	目标位置和方向检测	
测量	尺寸和容量测量	
测量	预设标记的测量,如孔位到孔位的距离	
定位和引导	输出坐标空间,引导机械手精准定位	

(1)识别

在识别应用中,机器视觉系统通过读取一维码、二维码、部件标识码、元件标签、字符内容来进行识别。图2-6所示为机器视觉在扫描产品包装二维码。

除此以外,机器视觉系统还可以通过定位独特的图案来识别元件,或者基于颜色、形状或尺寸来识别元件。目前机器视觉在识别领域已经用于产品外形和表面缺陷检验,如木材加工检测、金属表面视觉检测、二极管基片检查、印制电路板缺陷检查、焊缝缺陷自动识别等。图2-7所示为机器视觉自动识别电路板的焊缝缺陷。

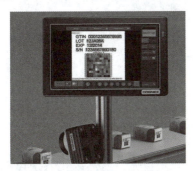

图2-6　机器视觉扫描产品包装二维码

图2-7　机器视觉识别电路板的焊缝缺陷

（2）检测

检测是机器视觉在工业领域中最主要的应用之一。在检测应用中，机器视觉系统通过检测产品是否存在缺陷、污染物、功能性瑕疵和其他不合规之处，来确认产品是否满足品质要求。机器视觉还能够检测产品的完整性，比如在食品和医药行业，机器视觉用于确保产品与包装的匹配性，以及检查包装瓶上的安全密封垫、封盖和安全环是否存在。图2-8所示为利用机器视觉检测系统，能够快速、准确地检测出存在缺陷、瑕疵的瓶盖，使生产厂商节省时间成本，提高生产效率。

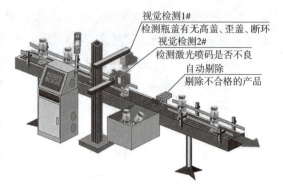

图2-8　机器视觉检测瓶盖

（3）测量

在测量应用中，机器视觉系统通过计算被测物几何位置之间的距离来进行测量，然后确定这些测量结果是否符合规格。图2-9所示为利用机器视觉测量物品尺寸，如果尺寸不符合，视觉系统将向机器控制器发送一个未通过信号，进而触发生产线上的不合格产品剔除装置，将该物品从生产线上剔除。在实践中，当元件移动经过相机视场时，固定式相机将会采集该元件的图像，然后，机器视觉系统将使用软件来计算图像中不同点之间的距离。机器视觉最大的特点就是可以实现非接触式测量，避免了传统的接触式测量带来的二次损伤。

图2-9　机器视觉测量物品尺寸

（4）定位和引导

在任何机器视觉应用中，无论是最简单的装配检测，还是复杂的3D机器人应用，都需要采用图案匹配技术定位相机视场内的目标物品或特征。目标物品的定位往往决定机器视觉应用的成败。

引导就是使用机器视觉来报告元件的位置和方向。首先，机器视觉系统可以定位元件的位置和方向，将元件与规定的公差进行比较，以及确保元件处于正确的角度,以验证元件装配是否正确。其次,引导可用于在二维(2D)或三维(3D)空间内将元件的位置和方向报告给机器或机器控制器,让机器能够定位元件或机器,以便将元件对位,如图2-10所示。

图2-10 机器视觉将元件对位

4. 实例

为了更好地理解机器视觉,下面以啤酒厂的填充液位检测系统为例来说明,如图2-11所示。当每个啤酒瓶移动经过检测传感器时,检测传感器将会触发视觉系统发出频闪光,拍下啤酒瓶的照片。系统采集到啤酒瓶的图像并将图像保存到内存后,视觉软件将会处理或分析该图像,并根据啤酒瓶的实际填充液位发出通过/未通过响应。如果视觉系统检测到一个啤酒瓶未填充到位,即未通过检测,视觉系统将会向转向器发出信号,将该啤酒瓶从生产线上剔除。操作员可以在显示屏上查看被剔除的啤酒瓶和持续的流程统计数据。

图2-11 啤酒厂填充液位检测系统

2.1.3 模式识别与机器学习

随着人工智能的崛起,机器学习、模式识别也频繁出现在大众眼前。下面介绍机器学习和模式识别的概念、区别和联系。

1. 模式识别

模式识别诞生于20世纪20年代,随着40年代计算机的出现及50年代人工智能的兴起，模式识别在60年代初迅速发展成为一门学科。简单点说，模式识别是根据输入的原始数据进行各种分析判断，从而得到其类别属性、特征判断的过程。为了具备这种能力，人类在过去的几千万年里，通过对大量事物的认知和理解，逐步进化出了高度复杂的神经和认知系统。例如，人们能够轻易判别出哪个是钥匙、哪个是锁、哪个是自行车、哪个是摩托车，而这些看似简单的过程，其背后实际上隐藏着非常复杂的处理机制。弄清楚这些机制的作用机理正是模式识别的基本任务。

想知道什么是模式识别，要先了解什么是模式。人们为了掌握客观的事物，往往会按照事物的相似程度组成类别，而模式识别的作用和目的就在于把某一个具体的事物正确地归入某一个类别。通常意义上，模式是指用来说明事物结构的主观理性形式。它是从生产经验和生活经验中经过抽象和升华提炼出的核心知识体系。需要注意的是，模式并不是事物本身，而是一种存在形式。为了能让机器执行识别任务，必须先将识别对象的有用信息输入计算机。为此，必须对识别对象进行抽象，建立其数学模型，用以描述和代替识别对象。这种对象的描述就是模式。简单说就是识别对象所属的类别，比如人脸识别中的人脸。

下面通过实例来说明模式识别的范畴。
①将铅笔、钢笔、圆珠笔、毛笔、彩笔都归类为书写用的"笔"。
②医生根据心电图化验单来判断病人是否患心脏病。
③警察根据指纹来进行身份验证。
④利用计算机进行字符识别。
⑤根据用户的虹膜进行身份识别。
⑥判断当前图片中是否有行人、人脸、车辆等。
⑦对出现在图片序列中的行人、车辆进行跟踪。
⑧对图片中的人脸进行身份识别验证。
⑨对车辆的牌照进行识别。
⑩在海量图片库当中寻找与某一张图片相似的若干图片。

那么，什么是模式识别？它是指通过对表征事物或现象的各种形式的信息进行处理和分析，从而达到对事物或现象进行描述、辨认、分类和解释的目的。

模式识别是信息科学和人工智能的重要组成部分，主要被应用于图像分析与处理、语音识别、声音分类、通信、计算机辅助诊断、数据挖掘等方面。尽管模式识别已有较长时间的应用，但是其效果似乎差强人意。

例如，人类见到一个东西之后，通常就会下意识地给其归类：是动物还是植物，属于哪一门纲目属科，是否可以药用，是否有果实，花朵是否漂亮，是否有毒等，这一大串归类构成了人们对于这种事物的整体认知。这就属于人类对于模式的识别，这种技能对于人们甚至是一些动物来说，是非常简单而且几乎是与生俱来的。图2-12所示为模式识别系统的基本流程。

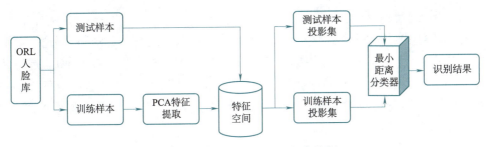

图2-12 模式识别系统的基本流程

但是在模式识别中,机器似乎并不如人们所预料的那样"智能"。这种经由人为提取特征后交给机器,然后让机器去判断其他事物的属性的工作流程就像是按图索骥,按照这种方法,虽然有可能找到一匹真正的汗血宝马,但是也有可能找回一只蟾蜍。

因为对机器来说,哪怕是分辨最简单的"0"与"O"与"o"以及"。"都要费九牛二虎之力。而这也就是为什么在使用一些图片转文字等软件时,发现通常经过"翻译"的文本变得错字连篇,而且有时候错得不可思议。

2. 机器学习

不同于模式识别中人类主动去描述某些特征给机器,机器学习可以这样理解:机器从已知的经验数据(样本)中,通过某种特定的方法(算法),自己去寻找提炼(训练/学习)出一些规律(模型);提炼出的规律就可以用来判断一些未知的事情(预测)。也就是说,模式识别和机器学习的区别在于:前者"喂"给机器的是各种特征描述,从而让机器对未知的事物进行判断;后者"喂"给机器的是某一事物的海量样本,让机器通过样本来自己发现特征,最后去判断某些未知的事物。

从技术角度分析,机器学习一般会将人类"投喂"的各种样本以一种数据的形式解析。我们看到的黑色其实只是计算机中RGB都为0的三个参数,白色则是RGB都为255的三个参数。因此在机器的世界里对黑白的分辨是分外容易的。

机器根据某一事物的海量样本,总结出这一类型事物所具有的普遍规律,总结过程所使用的技能就是算法。当足够多的样本使得算法能够总结出一套行之有效的规律后,机器就可以用这些规律对真实世界中的事件做出决策和预测。

值得一提的是,在机器学习中,尽管计算机可以自行通过样本总结规律,但是依旧需要人工干预来为其提供规律总结的方向以及维度。例如,色彩识别需要统计色彩的RGB或者CMYK值。

3. 区别

(1)应用范围不同

机器学习目前在狭义的人工智能领域发展较快,但是广度还是模式识别广。模式识别在很多经典领域,如信号处理、计算机图像与计算机视觉、自然语言分析等都不断有新发展。

（2）判断重点不同

机器学习根据样本训练模型，如训练好的神经网络是一个针对特定分类问题的模型；重点在于"学习"，训练模型的过程就是学习；机器学习的落脚点是思考。机器学习侧重于在特征不明确的情况下，用某种具有普适性的算法给定分类规则。而机器学习的概念可以类比聚类分析（聚类本身就是一种典型的机器学习方法），对"类"的严格定义尚不明确，更谈不上检验。

模式识别根据已有的特征，通过参数或者非参数的方法给定模型中的参数，从而达到判别目的。模式识别的概念可以类比判别分析，是确定的、可检验的、有统计背景的（或者更进一步说有机理性基础理论背景）。

小故事： 计算机科学之父——图灵

艾伦·麦席森·图灵（Alan Mathison Turing，1912—1954），英国数学家、逻辑学家，被称为计算机科学之父，人工智能之父，如图2-13所示。

时至今日，图灵的通用图灵机理念——通过改变软件来实现多重任务执行的抽象计算机——已被肯定为当代计算机的前身，是从第一代阴极管阵列到今天所用的各式计算机的共同"祖先"。图2-14所示为图灵机原型。

图2-13　艾伦·麦席森·图灵

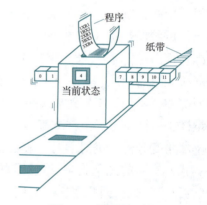

图2-14　图灵机原型

图灵提出了一个连自己都很难回答的问题：如何去定义"智能"？它会变得怎么样？它存在多大的可能性？直至1950年，图灵正式发表论文《计算机机械与智能》，里面第一次提出"人工智能"的概念，以及"图灵测试"。

单元二　智慧工业：自动化解放双手

人口红利逐渐消失的趋势不可逆转，全球各地人力成本都在上升，许多国家开始出现老龄化问题。

种种迹象表明，劳动力供求关系将进一步逆转。对于企业来说，转型升级是必然的选择，只有调整经济增长方式，提高制造业自动化水平，才能保持在行业中的竞争力。因此，科学家考虑将机器视觉应用到工业中。

2.2.1 物流中的自动分拣

对于物流业这种对人力成本敏感的产业来说，机器视觉具有高度自动化、高效率、高精度和环境适应强等优点，为高速发展的物流分拣系统打开了"新视界"。物流行业正从人工分拣向智能化、自动化方向快速演进。

物流机器人完成的每一道程序，都带来人力成本的下降和工作效率的提高。目前在仓库中，机器人主要可以在分拣、搬运、堆垛等方面代替人工。不同类型的物流机器人无论外形如何，都带有图像识别系统。通过磁条引导、激光引导、超高频射频识别（radio frequency identification, RFID）引导以及机器视觉识别技术，分拣机器人可以自动行驶，"看到"不同的物品形状之后，机器人可以将托盘上的物品自动运送到指定的位置，如图2-15所示。

图2-15 物流机器人

自动分拣机器在接收运送指令后，通过视觉扫描技术，按照商品的品种、材质、重量以及发往的地点进行快速分类，然后将货物送到指定的货架上或出货站台处。这样便可以极大缩短快递发货周期，提高服务水平。

目前，拥有自动高效等优势的智能技术正成为快递企业关注的热点，而有一项技术使得机器人在快递界能够大展拳脚，这就是"视觉识别"。

1. 自动化扫码

应用自动化扫码技术，工作人员只需扫描商品上的条形码，将相关信息输入分拣系统中，分拣机器人便会接收指令，判断商品将会进入哪一个分拣的区域中。这一项技术的核心在于分拣系统的控制装置，它依据商家或货主提供的商品材质、重量等因素进行信息分类，发出分拣要求，机器人便会将商品运送到各分类区域。快递企业采用这种基于视觉识别的形状识别技术使工作效率不断提高，不仅可以节省空间，还可以提高商品向外配送的速度，如图2-16所示。

图2-16　自动化扫码

2. 自动化数量检测技术

对于网络购物的卖方而言，及时补充货源、满足客户的需要是十分重要的。分拣机器人不仅仅可以对商品自动分类，还可以对仓库内的数据信息进行检测。为了及时了解库存，应对突发断货事件，快递企业可以通过自动分拣系统了解向外输送商品的数量、库存、客户退还等信息，从而为了解市场行情提供准确数据，还可以在快递公司和供货商之间形成更为科学的供货方案，提高双方业绩。自动化数量检测如图2-17所示。

图2-17　自动化数量检测

3. 自动化形状识别技术

对于不同的快递物品而言，最明显的特征就是"形状"。所以，基于视觉识别的形状识别技术在快递企业分拣中发挥了巨大的作用。这种专门针对形状识别的技术使工作效率不断提高。分拣机器人根据商品的形状能够进行快速、精准的分类，不仅可以节省空间,还可以提高商品向外配送的速度,如图2-18所示。

图2-18　自动化形状识别

2.2.2　视觉焊接机器人

近年来,工业机器人开始大规模进入制造业。越来越多的厂商开始利用机器人技术,提升生产线的效率和灵活性,实现柔性化制造。工业机器人是智能装备之一,伴随着应用场景不断扩展,其种类趋于繁多,如移动机器人、焊接机器人、特种机器人等。并与人工智能、机器视觉等技术结合,将机器人向智能化、灵活化推进,将机器人行业推到一个全新的发展时代。

随着硬件水平和软件技术的发展,机器视觉系统能力得到了很大的提升,加上人工智能算法的助力,使得机器视觉变得越来越智能化,同时凸显了机器视觉在制造业中的优势。在制造业生产线上,机器视觉可以与机器人集成在一起,这样就可以代替人的眼、脑和手去执行一些复杂的工作任务,且比传统人力更低成本和更高效率。

机器视觉可以不知疲倦地一直工作,在进行大量重复性工作时,能够长时间保持高精、高速的水平。此外,机器视觉相比于人类,更能适应恶劣的工作环境,可在对人有伤害的恶劣环境中工作。

随着智能化的不断发展,制造业越来越广泛地出现代替人工的机器或机器人。以焊接领域为例,由于机器具备强大的生产力和更高的性价比,目前已在汽车制造焊接和化工设备管道等的焊接方向大量投入使用,正在逐步取代传统的焊接工人作业模式。

1. 焊缝跟踪、识别

传统的人工焊接作业十分依赖焊工技术的熟练度、焊接环境等因素。随着焊接技术发展,焊接产品中以往存在的诸如毛刺、夹渣等外观缺陷越来越不能为人们所接受,而焊接疏松、气孔、裂纹等制造缺陷因为存在潜在的安全隐患也被更多地关注,解决这些制造问题,其根本是防止焊接工人劳动过程中的操作不当。

然而，由于焊接工人的技术水平、心态情绪、生产责任等因素均因人而异，因此在人工操作的基础上解决上述问题的成本极高。

现代的焊接术将焊接自动控制化、焊接工艺制造自动化技术融合在了一起，替代人工焊接，避免了焊接效果不佳、物料浪费等问题。焊接过程自动化控制通常包含焊缝的自动识别和焊接特征参数的自动控制两个方面。如利用具有良好的抗电磁场干扰能力工业级3D相机，可对焊缝进行自动跟踪，精准获取焊缝区域三维数据信息。三维数据通过图像处理系统进行分析，可输出机器控制信号，以此来控制焊枪的运动。图2-19所示为自动焊缝跟踪机。

2. 焊缝检测

传统检测定位精度不够，经常会出现焊缝偏差较大的结果，无法满足焊接需求。在此背景下，在焊缝检测中使用机器来代替传统的人工检测，并完成焊缝缺陷的识别和分类，可有效降低设备安装的复杂度，减少工件形变、飞溅等干扰因素造成的焊接位置偏差，提高焊缝精度，如图2-20所示。

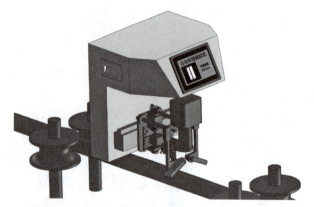
图2-19 自动焊缝跟踪机

图2-20 焊缝检测

可以预见，未来的焊接工艺，一方面要研制新的焊接方法、焊接设备和焊接材料，以进一步提高焊接质量和安全可靠性，如改进现有电弧、等离子弧、电子束、激光等焊接能源，运用电子技术和控制技术，改善电弧的工艺性能，研制可靠轻巧的电弧跟踪方法；另一方面要提高焊接机械化和自动化水平，如焊机实现程序控制、数字控制，研制从准备工序、焊接到质量监控全部过程自动化的专用焊机，在自动焊接生产线上，推广、扩大数控的焊接机械手和焊接机器人，以提高焊接生产水平，改善焊接卫生安全条件。

2.2.3 汽车检测与装配

汽车行业是一个自动化程度比较高的高科技行业，很多先进的自动化技术已经成功运用到该行业各个生产流程中。在汽车制造的许多环节已经做到了无人化操作，这样就要求有一种可靠的检测技术去验证每一次装配的正确性及装配部件的合格性。机器视觉技术以其独特的技术优势成为自动检测系统的首选。机器视觉在汽车工业中以多种方式使用,机器视觉应用突出在安全性、质量和效率。

首先,在机器人的工业应用中,装配机器人对视觉系统有着更高的要求。通过与非视觉传感器(如力觉、接近觉和触觉等)的配合,视觉系统要完成机器人对装配工件的识别定位及检测功能,使装配机器人实现典型的装配动作,如抓取、插入和拧紧等动作,如图2-21所示。

其次,机器视觉是当今汽车工业中的重要应用,特别是对于拾取和放置以及物料搬运应用。机器视觉在检测应用

图2-21　汽车装配机器人

中也用得比较多。机器视觉系统比人工检查员更快,可以更准确地执行零件检查,并且可以全天候检查零件,如活塞、涡轮增压铸件、汽车电子-控制阀以及其他汽车零部件等,这不仅提高了效率,而且提高了产品质量。

1. 活塞

活塞安装到气缸内时应保持其方向的一致性,如图2-22所示。

 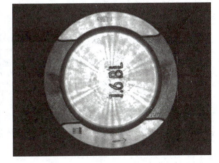

图2-22　不同方向的活塞

2. 涡轮增压铸件

涡轮增压铸件检测螺孔内残留铁屑的有无,如图2-23所示。

图2-23　检查螺孔内是否有残留铁屑

3. 汽车电子 - 控制阀

汽车电子-控制阀检测铆钉的有无和破损，读取二维矩阵码，如图2-24所示。

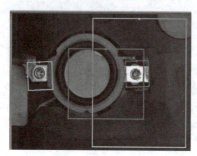
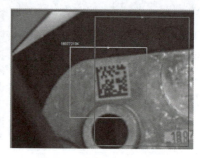

图2-24 检测铆钉的有无和破损及读取二维矩阵码

4. 汽车零部件

汽车零部件检测两个密封胶圈是否扭曲或没有放入槽内，通过测量距离来判断两个塑料环与底边的位置是否正确，检测中间是否放置了弹簧，以及位置是否正确、检测放置的方向是否正确。

思考： 机器视觉会取代人类视觉吗

随着科技的发展，机器视觉慢慢地被人们所熟悉。那么，用工业相机和分析软件作为主体组成的机器视觉检测系统，到底能否全面取代人工目视检测？如果能，可应用的范围有哪些？如果不能，是缺少什么条件？难度在哪里？

用工业照相机和分析软件作为主体组成的机器视觉检测系统，在某些领域已经可以部分替代人工目视检测，但是要全面取代人工目视检测仍存在一定的难度和限制。

机器视觉检测系统的优点包括高效、精确、不受疲劳和主观因素等影响。在某些领域，如电子制造、食品加工、医疗诊断等，机器视觉检测系统已经被广泛应用。例如，在电子制造行业中，机器视觉检测系统可以用于电路板的质量检测、焊接的检测等。在食品加工行业中，机器视觉检测系统可以用于食品的质量检测、包装的检测等。然而，机器视觉检测系统的应用范围仍存在一定的限制。例如，在某些领域中，如艺术品、文物的检测和鉴定等，仍需要人工目视检测。这是因为这些领域的检测和鉴定需要人类的专业知识和经验，机器视觉检测系统尚无法替代人类的判断和决策能力。此外，机器视觉检测系统在复杂环境下的检测效果可能会受到干扰和误判。

要实现机器视觉检测系统全面替代人工目视检测，需要在技术、算法和应用等方面不断进行创新和优化。例如，可以采用更高级的算法和模型，如深度学习、神经网络等，来提高机器视觉检测系统的检测精度和效率。同时，还需要不断探索机器视觉检测系统的应用场景和优势，并进一步发展和完善机器视觉检测系统的应用方案和技术标准，以更好地满足市场需求和用户要求。

单元三　智慧医疗：延缓衰老不是梦

随着人均寿命的延长、出生率的下降和人们对健康的关注，现代社会人们需要更好的医疗系统。因此，远程医疗、电子医疗（e-health）就显得非常急需。借助于物联网/云计算技术、人工智能的专家系统、嵌入式系统的智能化设备，可以构建起完善的物联网医疗体系，解决或减少由于医疗资源缺乏，导致的看病难、医患关系紧张、事故频发等现象。医疗与人们的生活息息相关，关于人们生命健康的问题，一点都容不得马虎。

2.3.1　图像识别帮医生看片子

人工智能技术在医疗影像的应用主要指通过机器视觉技术对医疗影像进行快速读片和智能诊断。医疗影像数据是医疗数据的重要组成部分，人工智能技术能够通过快速准确地标记特定异常结构来提高图像分析的效率，以供放射科医生参考。提高图像分析效率，可让放射科医生腾出更多的时间聚焦在需要更多解读或判断的内容审阅上，从而有望缓解放射科医生供给缺口问题。

已有研究显示，应用计算机图像分析加上人工智能学习，对一些疾病的影像诊断水平已能达到专家水平。这对于提升基层医疗服务水平、助推分级诊疗将具有重大意义。

同样是判断一张CT片上的结节是什么病，普通医生可能分析出结节的几个特点，资深专家也许能看出十几个特点，而应用计算机图形分析，比如目前国际上流行的影像组学分析，可以发现结节的上千个特点，大大提高了对病变分析的深度。在这几千个特点中，哪些是特别重要的，起到决定性作用的，还需要大量病例来证实。其中的分析过程又涉及人工智能机器学习的应用。通过人工智能来分析、学习医学影像的特点，再与大量临床数据结合，就有可能在短时间内完成靠人工需要进行几年、十几年的学习认识过程，迅速提升医生的诊断水平。

美国杜克大学医学中心的Brian Allen等报告的一项随机交叉研究表明，针对转移性肿瘤，计算机辅助判读（eMASS系统）CT图像不仅可以消除人工判读的误诊，而且加快了图像的处理过程。图2-25所示为eMASS技术原理图。这项研究中11名阅片人员来自十所机构，均为经美国放射学委员会认证的、受过职位培训的放射科医生。

在人工阅片阶段，阅片人员需要远程访问一个标准浏览器，将所有的测量值、数据和计算结果手动输入数据库中。在计算机辅助阅片阶段之前，阅片人员可以观看一个30 min的教学视频，然后再练习30 min。结果显示，计算机辅助阅片的总误诊率显著低于人工阅片。

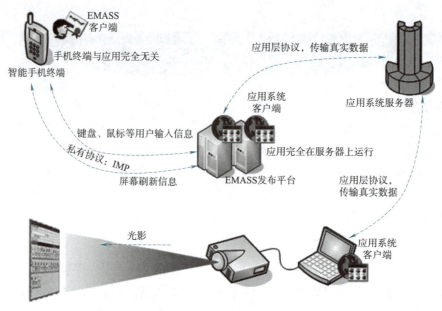

图2-25　eMASS技术原理图

Allen表示，这些误诊可能会随着时间的推移而叠加，并且可能会改变临床决策并影响患者的护理情况。如果第一次阅片就出现了错误，那么就可能会影响治疗时间。人工阅片阶段大约出现了15种不同类型的错误，如果同一种错误出现两次，便不被计入统计。

此外，该系统内置了错误检测程序，如果在计算机辅助阅片过程中的任何步骤出现了差错，内置的错误检测器就会阻止放射科医生的下一步评估。Allen解释，软件会预先识别错误，并逐步指导错误的修正，然后再继续运行。

除了提供更精确、更快的评估外，该系统还会自动生成总结。这减轻了阅片人员的记录负担和汇总计算的负担，并能自动得出客观情况。汇总表把肿瘤的指标和应答情况以图表的形式清晰地呈现给了患者。

eMASS系统的重点是减少错误和提高效率。放射科医生追求的是工作速度加快，而肿瘤科医生和患者希望得到无差错的数据。Smith介绍，使用eMASS系统软件时，医生可以测量多个肿瘤指标，并添加任何想要的肿瘤疗效评价标准。在跟随软件学习时，用户可以看到自己所犯的错误。例如，有些人直到系统提醒时才意识到他们在同一器官内选择了太多的病灶。

2.3.2　手术机器人为你做手术

手术机器人是集临床医学、生物力学、机械学、计算机科学、微电子学等诸多学科为一体的新型医疗器械。手术机器人作为医疗机器人的重要组成部分，切实满足了医生的临床需求，也有加快病人恢复的作用。操作类机器人和定位类机器人所适用的适应证发病率较高，手术量大，总体市场较为广阔。

模块二 模式识别与机器视觉——人脸识别助力

手术机器人通过清晰的成像系统和灵活的机械臂,以微创的手术形式,协助医生实施复杂的外科手术,完成术中定位、切断、穿刺、止血、缝合等操作。它克服了传统外科手术精准度差、手术时间长、医生疲劳和缺乏三维精度视野等问题,给病人带来了更好的临床转归,并且大大缩短了医生对于复杂手术的学习曲线。现已应用于普腹外科、泌尿外科、心血管外科、胸心外科、妇科、骨科、神经外科等多个领域。按功能划分,手术机器人主要分为操作手术机器人和定位手术机器人两类,见表2-4。

表2-4 手术机器人分类

分 类	操作手术机器人	定位手术机器人
功 能	协助医生完成腹腔镜手术的操作	协助医生进行术前规划,术中导航与定位,甚至自主完成部分手术操作
应用范围	应用于针对软组织的微创手术	应用于骨科、神经外科手术
核心技术	操作手机械结构设计、三维图像建模技术、遥操作网络传输技术、计算机虚拟现实技术等	多模影像的配准、融合技术,基于光学、电磁学等的导航技术,路径自动补偿技术等
产品组成	主要由控制台、操作臂、成像系统组成	主要由机械臂、导航追踪仪和主控台组成
代表产品	达·芬奇(da Vinci)	ROBODOC

1. 医疗机器人如何工作

以一款适用于神经外科的导航定位机器人为例,机器人搭载3D相机,可以实现手术室内的"脑""眼""手"协同作业。"脑"就是多模态影像融合系统,"眼"就是机器人的视觉识别定位系统,"手"就是机器人的操作端,如图2-26所示。

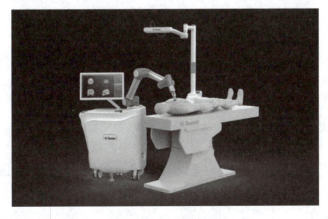

图2-26 手术机器人

首先,机械臂在3D相机也就是"眼睛"的帮助下,准确定位到医生规划的手术位置,并在可视界面显示出患处及其精准的三维信息;然后,医生可以据此制定最佳的手术路径;接下来,机械臂可以辅助医生执行穿刺、活检、抽吸、毁损、植入等一系列手术操作。

在机器人的帮助下，医生可以微创、精准、高效地完成脑部手术，手术定位精度达到1 mm，创口小于2 mm，患者住院观察2~3天即可出院。目前，该机器人已经用于活检、脑出血、脑囊肿、癫痫、帕金森病等12类近百种疾病的治疗。

2. 手术机器人功能模块分布

手术机器人的功能模块有系统软件、机器人装置、定位装置、医学图像以及人机交互与显示，如图2-27所示。

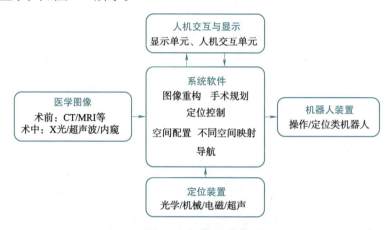

图2-27　机器人功能模块分布

3. 手术机器人所解决的痛点

对于医生而言，在传统的腹腔镜手术中，术者需要和持镜助手配合才能看到自己想看的视野，且二维成像容易造成图像失真，不利于医生看清细微结构；加之器械的自由度少，套管又通过器械放大了人手的颤抖，不利于医生灵活且稳定地操作。

手术机器人可通过成像系统提供高清逼真的3D图像，帮助医生划分需要切除的区域。在手术机器人的帮助下，医生可以坐在显示器前操作，从而减少长时间站立带来的手术疲劳。而在诸如骨科类的手术中，医生经常在放射线下直接操作，有损医生健康，使用手术机器人可以让医生避免接受过多辐射伤害。此外，在神经外科的手术中，传统的立体定向头架会存在一定的操作死角，病灶定位耗时较长，而手术机器人可以帮助医生实现任意角度的操作，快速重建大脑图像，锁定病灶位置。

对于患者而言，手术机器人的高精度操作能够进一步减小手术中对健康组织的损害，降低感染风险。手术时间虽然相等或增加，但有研究表明，病人失血量减少，淋巴结检出增加，胃排空延迟率降低，这些都减轻了病人术后的痛苦，缩短了康复时间。相比于传统骨科或神经外科手术，手术机器人能够更快规划手术路径，缩短患者的麻醉时间。

对于医院而言，手术机器人的出现使得患者恢复时间变短，进而提高病床周转次数，帮助医院减少医疗资源浪费，提高资源使用效率。

此外，手术机器人还有一个优势，就是帮助远程手术的实现。未来，专家只需在本地依据影像数据，制定最佳手术方案，机器人就可以在异地按照专家的方案进行精准定位，最后由当地医生完成穿刺和手术操作。这样既能保证就近治疗异地手术的质量，又能实现专家资源最大化。

2.3.3　自动检测帕金森病

帕金森病的早期发现并及时治疗，可以有明显的治疗效果，但是，帕金森病是难以预测的。图2-28所示为帕金森病患者症状，包括运动问题，如震颤和僵硬。帕金森病是一种影响运动的神经系统疾病。该疾病是进行性的，从轻到重可以分为五个阶段。

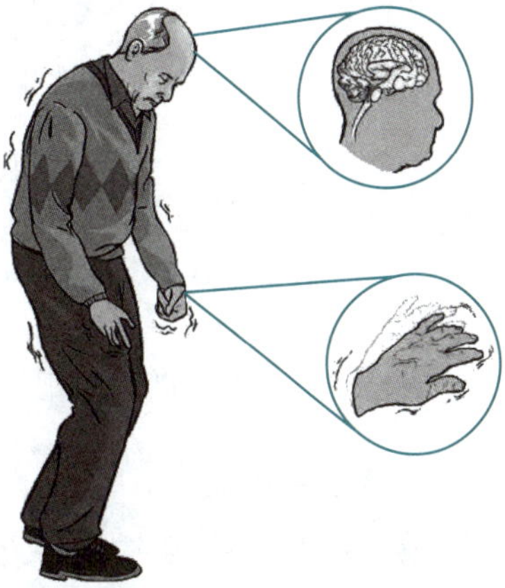

第1阶段：症状表现轻微，可能发作于身体的某一侧，或者一只手抖、手指发抖这类情况，因此很容易被忽视。

图2-28　帕金森病患者症状

第2阶段：症状会累及身体的两侧，并不断加重，会出现双手抖，甚至全身发抖、出现僵直加重、精细动作困难、行走乏力的特征。

第3阶段：病人的病情不断加重，至此会出现走路步态异常、行动僵硬，抬腿出现困难、走路小碎步、身体前倾、身体平衡性差，很容易摔跤。

第4阶段：症状发展比较严重，除了运动症状外，还会出现许多并发症，如吞咽困难、流口水、说话不清、运动很难自理，行走需要家人的扶持才能正常进行，日常生活也需要家里人照料。

第5阶段：大多数已经失去了自理能力，没有旁人的帮忙，生活完全不能自理，甚至需要使用轮椅或者完全瘫痪在床。

虽然帕金森病无法治愈，但早期检测和适当的药物治疗可以显著改善帕金森病患者症状和生活质量，因此成为计算机视觉和机器学习从业者探索的重要课题。

研究人员发现，帕金森病患者的绘画速度较慢，笔压较低，对于这种疾病的急性/晚期患者尤其如此。而帕金森病最常见的两种症状包括震颤和肌肉僵硬，这直接影响到手绘螺旋形和波浪形的视觉外观，帕金森病患者很难绘制出光滑的螺旋形和波浪形。可以通过要求人们画出螺旋线然后进行跟踪来检测帕金森病，视觉外观的变化将使我们能够训练计算机视觉和机器学习算法，以自动检测帕金森病。

首先，收集由帕金森病患者和健康参与者绘制的螺旋形和波浪形的数据集，并将数据集预先分成训练集和测试集。图2-29所示为每个附图和相应类的示例。我们的目标是量化这些图纸的视觉外观，然后训练机器学习模型对它们进行分类，因此使用Python和OpenCV来训练一个模型，用于从类似的螺旋形/波浪形图纸中自动分类帕金森病。

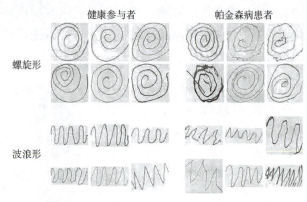

图2-29 健康人和帕金森病患者绘制的螺旋形和波浪形

思考：你信任 AI 医生吗

设想一下，你去一家医院看病，一进诊疗室的门就有一位护士不断地为你拍照，然后这些照片会上传到一台人工智能设备里，这个设备会根据照片里你的模样来进行病情诊断……而在整个过程中，不会出现任何专业的人类医生。

是不是觉得不可思议？即使现在人工智能医疗发展得很快，一些人工智能在医疗领域实现了不同程度的落地，比如人工智能识别医学影像、药物研发、辅助诊断等，但这些人工智能起到的还是辅助作用，最终负责决断的依旧是人。让人工智能执证上岗，独立地做临床诊断，似乎从未见过。

几十年来，研究人员一直在增强人工智能的本领，包括让它拥有深度学习能力等：通过利用病历数据库中的海量数据来训练它，让它学习诊断各种疾病，之后只要按一下键，就能获得准确的诊断书。

那么，医疗人工智能取得的成功是否足够赢得人们的信任呢？

这可不是一个容易回答的问题。因为人工智能系统在深度学习中会形成自己的一套判断规则，而这些规则到底是什么，哪怕是对于开发人员，都是一个"黑箱子"。这就有理由让人为此感到不安了。

单元四 智慧交通

随着国民经济的发展和城市化进程的迅速推进，城市机动车数量增加，这无疑给道路交通及信号灯的合理设计增加了更多压力。大部分城市不合理的交通设施设计和设置，一定程度上影响了城市交通道路的安全。此外，随着机动车数量的增加，人们面临"一位难求"的停车困难，交通事故也不断增加。因此，智能交通如期而至。遵守交通规则是每个公民的义务，在智能交通时代，更应如此。

2.4.1 智能红绿灯检测

红绿灯是城市道路中最常见的交通设施,因应用的普及性而成为保障城市道路交通安全的重要措施。因此,在保障城市道路交通安全的背景下,城市红绿灯的创新设计有着极其重要的意义。

创新设计可以基于国内外红绿灯研究的基础,对产品功能进行系统的整合改良,将数字化技术和智能交通技术融入红绿灯的设计中,从而增强它的可视性与识别性,巧妙地解决人、车和环境之间的矛盾,避免驾驶员在红绿灯视觉盲区因识别错误而导致交通事故。

交通信号灯的检测与识别是无人驾驶与辅助驾驶必不可少的一部分,其识别精度直接关乎智能驾驶的安全。图2-30所示为在无人驾驶中增加交通灯辅助功能。一般而言,在实际的道路场景中采集的交通信号灯图像具有复杂的背景,且感兴趣的信号灯区域只占很少的一部分。

图2-30　在无人驾驶中增加交通灯辅助功能

对于交通灯的智能识别,将使世界上7%~8%的色盲、色弱患者驾驶汽车成为可能,也为无人驾驶汽车在技术上前进一步,因而将为汽车工业以及汽车电子工业带来更大的社会效益和经济效益,并可在国际上填补该领域的空白。

交通灯识别方法的流程如图2-31所示。

图2-31　交通灯识别方法的流程

1. 交通灯定位

当获取一张原始的图像时,考虑到背景的变化以及其他物体对交通灯识别的干扰,需要先将图像中交通灯的部分提取出来。在此用交通灯的形状及灰度值来定位交通灯在图像中的位置。

可以通过交通灯的矩形度来找出交通灯一定的范围，在此采用一种简单的矩形度计算方法rectangularity算子，即将低灰度值的分散区域作为输入区域，当得到某一矩形和输入区域有相同的一、二阶矩时，计算出输入区域的面积和该矩形面积的比，即为矩形度rectangularity的值。显然，当输入区域为矩形时，得到矩形度的最大值1；输入的区域越接近矩形，则矩形度越接近于1（无输入区域时矩形度为0）。

通过上述矩形度的算法，可以在低灰度值的区域中筛选出一定范围（包含交通灯轮廓）的类矩形，最后通过交通灯在图像中占据的面积定位出交通灯的轮廓。

2. 颜色空间变换

确认交通灯的位置后，需要通过颜色识别来确定交通灯的状态。由于RGB颜色空间的相似不能代表颜色的相似，而HSI颜色空间则没有这方面的问题，它们很适合人们肉眼的分辨，可以较好地反映人对颜色的感知和鉴别能力，因此可以先将RGB颜色空间转化为HSI颜色空间。

3. 颜色识别

可以通过图像分割来识别交通灯的颜色。将图像通过选定的阈值分割后，找出所需要的图形。基于阈值的分割是一种最常用的区域分割技术，阈值是用于区分不同目标的灰度值。如果图像只有目标和背景两大类，那么只需选取一个阈值，称为单阈值分割。这种方法是将图像中每个像素的灰度值和阈值比较，灰度值大于阈值的像素为一类，灰度值小于阈值的像素为另一类。如果图像中有多个目标，就需要选取多个阈值将各个目标分开，这种方法称为多阈值分割。阈值分割的结果依赖阈值的选取，确定阈值是阈值分割的关键。阈值分割实质上就是按照某个标准求出最佳阈值的过程。

通常阈值化分割方法根据某种测度准则确定分割阈值。如果仅使用像素的灰度级确定分割阈值，则阈值化是点相关的；如果由每个像素邻域的局部特性决定门限，则阈值化是区域相关的。基于点相关的阈值化方法有P-Tile方法、直方图凹形分析法、最大类间方差法、最大熵法以及矩不变门限法等。基于区域相关的分割方法有直方图转换法，基于二阶灰度统计的方法，松弛法以及基于过渡区提取的分割方法等。

4. 数字识别

OCR（optical character recognition，光学字符识别，通称文字识别）被用来识别出交通数字灯上的数字显示变化。使用OCR之前应先将图像的灰度值取反。

OCR的工作原理为通过扫描仪或数码相机等光学输入设备获取纸张上的文字图片信息，利用各种模式识别算法分析文字形态特征，判断出汉字的标准编码，并按通用格式存储在文本文件中，由此可以看出，OCR实际上是让计算机认字，实现文字自动输入。它是一种快捷、高效的文字输入方法。

因OCR是通过检测暗的模式确定其形状,所以在灰度值转化过程中先将原图像的灰度值取反,把原本灰度值高的部分转换成灰度值低的部分,然后用字符识别方法将形状翻译成计算机文字,即对文本资料进行扫描,然后对图像文件进行分析处理,最后获取文字及版面信息。

交通数字信号灯是指挥交通必不可少的公共交通设施,其重要性是人所共知的。这里建立的交通数字信号识别系统采用机器视觉技术,对交通信号灯的颜色及其数字进行自动识别。众所周知,色弱、色盲给患者的工作和生活带来了一定的障碍和困难。若能够运用机器视觉技术让色盲患者正确区分红绿等多种颜色,辨别彩色图像中的种种事物,赋予他们正常人的生活权利,意义深远。

2.4.2 疲劳驾驶检测和预警

随着人们生活水平的提高,汽车已经进入千家万户。机动车给人们生活提供方便的同时,也产生了一系列问题,如道路交通事故、环境污染等。

疲劳驾驶(见图2-32)是引发交通事故的一个重要因素,仅次于超速。由于驾驶员坐姿和动作长时间固定重复,其生理机能和心理状态缓慢发生变化,导致注意力分散、打瞌睡、视野变窄、信息漏看、反应判断迟钝、出现驾驶操作失误或完全丧失驾驶能力,以至发生碰撞、冲出路面等严重交通事故。根据道路交通行业调查数据统计显示,重特大交通事故中,因疲劳驾驶造成的事故所占比例达到40%以上,是发生重特大交通事故的三大原因之一,在引发交通事故死亡事件中所占比例高达21%。因此,国务院《国家中长期科学和技术发展规划纲要(2006—2020年)》提出的重点领域及其优先主题中强调了交通运输安全与应急保障:"重点开发交通事故预防预警、应急处理技术,开发运输工具主动与被动安全技术,交通运输事故再现技术,交通应急反应系统和快速搜救等技术。"

疲劳驾驶检测和预警是减少交通事故的重要手段,也是国内外学术界和工业界的研究热点。各大汽车生产商、零部件供应商、专业公司、政府机构和科研院所纷纷参与其中。图2-33所示为疲劳驾驶检测的主要方法。

图2-32 疲劳驾驶

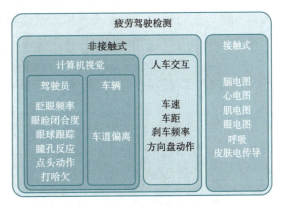

图2-33 疲劳驾驶检测主要方法

1. 非接触式检测

非接触式检测为不需要驾驶员佩戴任何接触身体的传感器的检测方式。这种方式的优点是使用方便，不需要驾驶员有任何额外操作。非接触式检测又可以细分为基于计算机视觉的检测方式和基于人车交互的检测方式。

① 在基于计算机视觉的检测方式中，计算机视觉可以作用于驾驶员也可以作用于车辆本身。当计算机视觉作用于驾驶员时，一般在前挡风玻璃之后会放置若干摄像头，实时拍摄驾驶员的头部，如图2-34所示。通过拍摄画面可以分析驾驶员的眨眼频率（驾驶员疲劳时眨眼频率一般会降低）、眼睑闭合度PERCLOS（1 min内眼睑80%闭合的时间；驾驶员疲劳时眼睑闭合时间通常会增加）、眼球跟踪（观察驾驶员是否正视前方，是否主动检查后视镜和侧视镜）、瞳孔反应（驾驶员疲劳时瞳孔对光线变化的反应会变慢）、点头（驾驶员打瞌睡时头通常会垂得更低，点头动作会增多）、打哈欠等动作，从而判断驾驶员是否疲劳。其主要缺点是，拍摄画面效果受光线影响很大，而且驾驶员不能戴墨镜、口罩等遮挡物。另外，摄像头一直对着驾驶员拍摄会有隐私方面的问题，可能会让驾驶员感觉不舒服。更重要的是，驾驶员的这些头部动作并不一定能准确反映疲劳状态。以眼睑闭合度检测法为例，研究发现驾驶员可以在眼睑正常睁开的情形下进入微睡眠状态。

图2-34　非接触式检测

当计算机视觉作用于车辆本身时，一般在车头部放置若干摄像头，实时拍摄车辆在车道中的位置，从而获得车道偏移数据来判断驾驶员疲劳状态。这种方法的主要缺点是，拍摄画面效果受光线和天气影响很大，而且当路面没有分割线或分割线不清晰时很难进行分析。但是，其实现起来比其他疲劳检测方式容易。

② 在基于人车交互特性的检测方式中，计算机通过各种传感器获取行车过程中的各种参数，从而判断车辆是否超速、车距是否太近、驾驶员是否及时制动、方向盘是否及时调整（驾驶员疲劳时调整方向盘的频率会降低）等，来进一步判断驾驶员是否疲劳。从方向盘动作判断驾驶员疲劳状态的方法效果并不十分理想，主要原因是受路况影响太大，如在平直空旷的高速公路上，驾驶员可能并不需要调整方向盘，而疲劳检测系统就可能会误报。

2. 接触式检测

接触式检测为需要驾驶员佩戴接触身体的传感器来采集生理信号。这些生理信号包括脑电图（驾驶员瞌睡时8~13 Hz的alpha波活动减少，4~8 Hz的theta波活动增加）、心电图（驾驶员瞌睡时心率变化会变慢）、肌电图（肌电的频率随着疲劳的产生和疲劳程度的加深呈现下降趋势，肌电的幅值随疲劳程度增加而增大）、眼电图（检测眼球运动方向和速度）、呼吸、皮肤电传导等。接触式检测的优点是，生理信号理论上是更加准确可靠的疲劳指示，因为它们直接来自人体。另外，生理信号可以在驾驶员疲劳之前就进行预测，而非接触式方法都是根据驾驶员疲劳之后的表现进行判断，所以基于生理信号的疲劳检测可能会提供更充分的预警时间。这种方式的缺点是，驾驶员的身体动作会使测量信号伪迹和噪声增加，降低检测准确度。所以，需要使用各种先进的信号处理滤波算法来去除伪迹和噪声，提高信噪比。另外，驾驶员戴上这些传感器后可能会感觉不舒服，从而有抵触心理。为了缓解这个问题，目前越来越多的方案开始采用无线技术把生理信号传输到手机或其他移动设备进行处理。更进一步地，有些方案把传感器植入方向盘或者驾驶员座椅，如图2-35所示。

图2-35　接触式检测

综上所述，目前有很多种手段可用于疲劳驾驶检测。当前研究和应用的主要困难是，尽管有多种数据可以作为输入信号，但是每一种信号都无法单独可靠地判断驾驶员的疲劳状态。未来的研究方向可以从以下三个角度考虑：

①对疲劳特征进一步挖掘，用先进的信号处理方法提取每种输入信号中最能表征疲劳的特征参数。

②采用信号融合的办法，结合多个疲劳特征参数进行检测，克服光照、遮挡、天气、路标等的影响，提高检测的实时性、准确度和稳健性，降低误报率。

③检测方法应该具有自适应在线学习功能，能根据每个驾驶员的个性化数据进行自训练优化，克服个体差异，得到最适合每个驾驶员的个性化检测模型。

2.4.3　智能停车场车位检测

对于驾驶员来说，在城市中找到停车位是一种既费时又令人沮丧的经历。掌握城市不同地点可用停车位的实时信息或旅游目的地的远程停车场对驾驶员非常有用，可以节省他们的时间，避免不必要的行程。但是，计算室外停车场的这一信息是一项非常大的挑战，因为通常情况下，没有访问控制来跟踪车辆的进出。目前市场上的解决方案包括需要安装在地面上的传感器，以检测车辆是否停放，这是非常昂贵的。此外，这些传感器可以提供的信息仅限于停车可用性。其他数据，如车辆类型或牌照是不可用的。具有挑战性的环境条件，如能见度、雨、雪等，使得传统的图像处理解决方案不是非常准确。

智能停车场可以说是现今智能交通当中的重要组成部分。在智能停车场建设当中，计算机视觉技术是一项重点技术，能够在通过摄像机对外界景物图像进行获取的情况下使用计算机对图像进行理解分析，以确定可用的停车数量。该解决方案只需要使用特定的摄像头就可以实现，因此提供了灵活性。应用人工智能技术，该解决方案可以根据具体的项目要求定制，从而提供与现有地面传感器解决方案相当的高精度结果。停车的可用性数据和其他必要信息，如车牌信息、实时监控等，可以根据需要在任何其他移动或网络平台上发布，实现人视觉功能的模拟，具有重要的应用价值，如图2-36所示。

图2-36 智能停车场

与传统的基于地面安装传感器的停车解决方案相比，基于计算机视觉的系统有以下几个优点：

①灵活性：可以根据项目要求处理来自相机的任何图像。

②定制解决方案：人工智能技术的使用使人们能够为每个项目提供定制的解决方案。

③多项技术的组合：除了提供停车位以外，该技术还可以识别车牌、区分车辆类型等，而利用现有的基于传感器的解决方案是不可能做到这一点的。

④安全警报：该解决方案还可以检测车辆破坏、盗窃、游荡等安全事件，并发出警报。

⑤识别率高：在有的项目中达到了99%以上的高精度识别，这大大高于计算机

视觉的平均市场标准，可与基于传感器的解决方案相媲美。

⑥能适应各种不同的环境：它是一个完整的硬件/软件解决方案，适用于恶劣的室外环境条件，如雪、雨等。

⑦可操作性强：该解决方案已经通过测试，能集成到其他停车运营商的平台中。

思考： 未来交通的样子

未来，交通会是怎样的模样？会不会像《未来警察》里那样，天空中到处开着飞船？还是像现在一样？我想大家都会认为是第一种。现在的科技水平可谓一日千里，悬浮的列车、无人驾驶的小车、警察机器人……所有的畅想，都有可能会变成现实。

（1）智慧交通，引领未来

随着人工智能、物联网、高性能计算等新一代信息技术与各行各业深度融合的脚步加快，传统交通方式还将会被多元重塑——智慧交通将在不断成长中引领未来生活。智慧交通以智慧赋能交通，采用了最现代化的信息技术，以数据为中心提供服务，促进整个交通体系的高效运行。从技术单向突破到系统融合，智慧交通将形成从科技引领到全面的应用导向——核心就是交通智联网。

智联网就是通过物联感知、泛在网络、知识图谱、智能服务作为核心技术，实现信息、知识与实体间的交互，做到自感知、自决策、自学习、自自治。正是通过考虑气象、实时路况等诸多因素，开展多元化的计划融合与分级，使得出行时间分辨率由小时级精确到分钟级。那么，智慧交通将经由天空地一体化信息网络的建设和大数据分析，不断优化人与载运工具间的交互，为公众提供便捷的智能交通服务。

（2）绿色出行，创新为先

交通事故、交通拥堵、大气污染等仍是困扰交通运输发展的难题。新时代，我国要着力构建安全、便捷、高效、绿色、经济的现代化交通体系，并把创新放在打造交通强国的核心位置。

面对国家节能减排和应对气候变化的战略需要，交通运输有条件做绿色发展的先行官。对此，IPCC报告作者之一、澳大利亚珀斯科廷大学教授彼得·纽曼提出了两个关键概念：一是去耦合化，二是实现颠覆式创新。

去耦合化，即在创造财富的同时，尽量减少依赖化石燃料。

绿色出行，要抓住颠覆式创新机遇。如今，全球新能源汽车每年的增长速度约为40%。可以想象，未来柴油和汽油车将逐渐退出市场。只有通过一系列颠覆式的创新技术，才能真正解决气候变化问题。

单元五　智慧生活

随着科技的发展，人们的生活越来越方便，智能手机中货币、银行卡、公交卡、社保卡、身份证等应有尽有，人们可以通过手机发送信息、填写表格等。随着人工智能的到来，人们进门可以刷脸，支付可以刷脸。人工智能的发展是建立在大量数据的信息技术应用之上，不可避免地涉及个人信息的合理使用问题，因此要学会保护个人隐私。

2.5.1 人脸智能检测与美颜

"美颜"，顾名思义，对图片里的人脸进行美化。在图片类、短视频类和直播类的App中，都存在"美颜"的影子。图片类的App中，最具代表性的是美图秀秀，其中的人像美容，便用到了"美颜"技术；短视频类的App中，突出的是抖音和快手，这类App在录制短视频的时候，有美颜、美妆等选项；直播类的App中，像映客、YY等都在主播进行直播时加入了"美颜"技术。

"美颜"是一个深度学习+图像处理+图形学的技术。"美颜"涉及多种技术，包括：人脸检测、人脸关键点定位、瘦脸、磨皮、美白等，如图2-37所示。其中，人脸检测、人脸关键点定位是用深度学习技术来做的；而瘦脸、磨皮和美白就牵涉到计算机图形学里的技术，使用OpenGL、Metal来对检测到的人脸进行渲染。

图2-37　美颜技术的流程

1. 人脸检测

人脸检测技术指的是对图片中的人脸进行检测，并定位到图片中人脸的位置。人脸检测主要的技术难点在于人脸在一张图片中可能存在人脸区域光照条件、人脸姿态变化、人脸表情变化、遮挡等问题。准确地检测出人脸相对来说是一件困难的事情。人脸检测也可分为两个时期：一个是深度学习之前的时期，另一个是深度学习时期。

在深度学习之前，人们做人脸检测，主要使用人工设计好的特征，根据人工特征来训练检测器检测人脸。当深度学习在计算机视觉领域占据绝对主导地位之后，人们开始尝试用深度神经网络来做人脸检测，如图2-38所示。目前，主流的人脸检测方法大致有两种：一种是使用通用的目标检测网络来训练人脸检测模型；另一种是使用专门的人脸检测网络。

2. 人脸关键点

人脸关键点定位技术是对人脸中眉毛、眼睛、鼻子、嘴巴以及脸部的轮廓进行定位，人脸关键点定位是紧接在人脸检测后：首先在一张图片中检测到人脸，然后才对检测到的人脸做关键点定位。

图2-38 人脸检测

人脸关键点定位技术同人脸检测技术一样，在实际应用中，也存在人脸的尺度、光照、表情、姿态、遮挡等问题。要对绝大多数图片获得准确的人脸关键点，也是一个比较难的任务。图2-39展示了人脸检测技术和人脸关键点定位技术的应用。

图2-39 人脸关键点定位

有了关键点以后，便可以对图片中人脸区域做瘦脸、磨皮、美白等"美颜"操作。这些算法一般应用在移动设备上：在Android上可以使用OpenGL ES（OpenGL for embedded systems，嵌入式系统的OpenGL），在iOS上可以使用Metal根据人脸关键点的位置，对人脸进行瘦脸、磨皮、美白之类的渲染。

3. 瘦脸

在OpenGL或Metal环境下，在shader（纹理）中通过对像素位置进行偏移来实现对脸部区域的放大缩小：由变形前坐标，根据变形映射关系，得到变形后坐标。这其中变形映射关系是最关键的，不同的映射关系将得到不同的变形效果。平移、缩放、旋转，对应的是不同的映射关系，即不同的变换公式。当然在实际计算过程中，用的是逆变换，即由变形后坐标，根据逆变换公式反算变形前坐标，然后插值得到该坐标RGB像素值，将该RGB值作为变形后坐标对应的像素值。这样才能保证变形后的图像是连续、完整的，如图2-40所示。

图2-40　瘦脸

4. 磨皮

所谓"磨皮",是使皮肤变得更加光滑,其技术原理是:在图片的人脸框部分再进行一次肤色检测,只对人脸区域做磨皮,如图2-41所示。磨皮一般使用图像处理的一些滤波算法。肤色检测可分两大类。一类是用颜色空间统计信息,来计算出皮肤所在的区域;另一类是基于机器学习的方法。

图2-41　磨皮

5. 美白

图片的美白,是操作这个图片上的所有像素点,获得像素点的R、G、B、A的值然后获取到的值进行一定数目的增量。在图像处理领域中,一张图片会使用三原色red、green、blue来保存图片的颜色信息,三个值的取值范围是0~255:越靠近0,图像就越黑,等于0的时候就是纯黑色;越靠近255,图像就越白,等于255的时候就是白色。图片的美白就是利用的这个原理。

真正要做好美颜算法,需要用到深度学习里面的人脸检测、人脸关键点定位(最少68个关键点)、人脸肤色检测(Unet等,传统的肤色检测算法不够细腻)这三个模型,目前已有人脸检测模型(mtcnn)。人脸关键点定位用于瘦脸、大眼等操作。肤色检测用于磨皮和美白阶段,防止对非皮肤进行模糊,如图2-42所示。

图2-42 美白

2.5.2 安防监控

随着人工智能技术的发展，很多专业性词汇逐渐进入人们的视线，计算机视觉技术就是其中之一。计算机视觉技术近几年的应用市场规模持续扩大，发展速度可谓突飞猛进。随着技术的不断突破，检测器的性能也从最初的平均准确率30%升到了今天的90%还要多。

安防作为计算机视觉的主要应用场景，与计算机视觉的结合具有多重优势。如今的人工智能视觉引擎，能够输出全套人工智能视觉技术，包括成像处理、感知、识别，目前服务于金融、平安城市、机器人、无人驾驶等多个行业。

智能安防在经历了第一代人为报警、第二代数模混合报警系统之后，第三代事前预警系统已经向完全数字化系统（网络摄像机、网络监视器和视频服务器）进行转变，这也是目前安防领域正在采用的事前预警技术。可以将第三代事前预警技术视为一种更为智能化的防盗报警技术。

对于火灾、车祸、洪灾等，在案件发生之后，移动应急系统能自动分析事件属性，并能自动触发相应报警通道，调动相关处置部门，如火灾调动消防部门、车祸调动交警部门、医院等。与此同时，移动应急系统还能根据布局在城市各个角落的摄像机，对当前环境下的交通进行实时智能分析，保证关键信息顺利传递，并规划出短且优的通行路线，从而促使相关部门能在短时间里抵达突发事件现场，为应急处置工作提供有力的技术支撑。

将多种计算机视觉技术结合起来，保证足够的准确率或是解决之道。任何数据集都有其局限性，而多种技术结合，一方面可以丰富场景数据，使识别更为精准；另一方面也更适合复杂场景的应用变化，能够很大程度上提升社会安全防范水平。

随着计算机视觉技术的应用逐渐普及，其应用需求也存在着巨大潜力，安防企业需要不断深入场景促使技术落地，形成闭环获得数据，从而创造价值，在激烈的竞争中脱颖而出。面对这样的挑战，安防监控使用者如何利用既有的人工智能技术在大量增加的数据中快速获取有价值的资料，便成为当前重要的课题。作为人工智能机器深度学习研究中的新领域，深度学习模式的动机在于建立、模拟人脑进行分析学习的神经网络，它模仿人脑的行为思考机制来解释数据资料，如影像内容、声音和资料本身。未来要让人工智能的机器深度学习能够大行其道，数据资料本身将是主要的关键因素，而影像监控资料占大数据总量的60%以上，也就是说，影像监控领域有70%以上的数据资料分析是用来进行影像识别。目前这种人工智能机器深度学习在安防产业的诸多领域都取得了很大进步，包括行人检测、车辆检测、非移动车辆检测等，其识别准确率甚至超过人类的眼睛判断。

人工智能在安防上的深度技术发展表现在以下几个方面：

1. 多特征识别技术

一般在大量影像数据资料中，想要从历史和即时的影像资料中筛选犯罪嫌疑人犹如大海捞针，而多特征识别技术则是通过人工智能的方式，以深度学习为模式，让计算机从大量监控影像中自动识别出嫌疑人，分析资料中的个人特征，然后根据犯罪嫌疑人的特征自动筛选，快速准确地识别出个体人物的各种重要特征，如性别、年龄、发型、衣着、体型、是否戴眼镜、是否骑车以及随身携带的物品等，不仅可以大大节省人力物力，同时也可以大大缩短犯罪嫌疑人的到案时间。

2. 姿态识别技术

姿态识别技术是指针对个体人物的走路姿势的判断，是一种可远距离感知的生物行为特征的技术。和其他生物特征识别技术相比，姿态识别的优势在于非接触性、非侵入性、易于感知、目标物难以隐藏和伪装等，如图2-43所示。

图2-43　姿态识别技术

姿态分析的技术困难点在于其特征的稳定性问题。因为一个人的姿态会受多种因素影响而改变，为了克服这个问题，很多厂商在研发上加进了机器深度学习方法，用姿态向量图示来描述姿态顺序排列，通过深度累积神经网络训练匹配模型。训练好的累积神经网络匹配模型能够计算待识别的姿态影像和已经注册的姿态影像顺序排列，比对每个姿态向量图的相似度，再依据其相似度大小进行身份识别。姿态识别应用采全天候模式，在特定的安防场合中可快速对远距离个体人物目标的身份进行准确判断，因此研究人员将来势必需要建置大规模的姿态资料库。姿态识别技术将有助于解决一些低影像分辨率个体人物身份识别的难题，为使用者提供重要的识别查核线索。

3. 3D相机技术

身高是人体重要的资料特征之一，在一些特定的场所，如风景区入口、车站售票口等对身高要求都有明确的规定。传统利用尺度工具测量身高的方法虽然操作简单，但需要被测人员配合，不仅速度慢，精确度也较差；超声波、红外线等方式虽可实现自动测量、精准度较高，但对测量环境条件的要求有较多限制，不适合用于公共场所，而3D相机则可以很好地解决上述问题，提供多场景、非接触式、自动化的测量。3D相机是利用深度感测器获取现实场景的深度资料和颜色资讯，通过坐标变换建立深度资料与3D坐标之间的对应关系，然后借由去噪声、配对位准等运算法去除干扰并减小误差，最后再以3D重建的方法得到身高以及其他资料。

3D相机无须与被测物件接触，物件进入测量场景即自动采集测量多个人物目标，配对位准后对光照具有较强的稳定性，可适应场景的光照变化，因而也有较高的精确度和即时性，在安防影像监控领域的应用将愈显重要。现阶段基于个体人物的多特征、姿态识别和3D相机等先进人工智能分析技术，若能将其结合打造出新一代智能型影像分析监控软件平台，将有助于安全监控系统的建置，同时对数据分析起到示范先驱的作用。

在人工智能分析市场的创新推动下，人们挖掘影像监控中有价值的数据信息，并不仅只是局限于当前人、事、物的基本信息而已，同时也需依靠厂商强大的研发能力，可以不断对安防大数据采集的关键信息进行有效补充，不但为最终的大数据平台带来更具附加价值的资料，也为深度的人工智能在安防产业数据应用下提供源源不绝的产品发展动力。

2.5.3 AI拯救老旧照片

也许你曾从橱柜里翻出家人们压箱底的老照片，而它们已经泛黄发脆，甚至有些褪色；也许你在拍照时不慎手抖，只好把糊成一片的照片都丢进"最近删除"。微软亚洲研究院在计算机视觉与模式识别会议CVPR 2020发表的基于纹理Transformer模型的图像超分辨率技术和以三元域图像翻译为思路的老照片修复技术，能让这些照片奇迹般地恢复如初。

从古老的胶片照相机到今天的数码时代，人类拍摄和保存了大量的图片信息，但这些图片不可避免地存在各种不同程度的瑕疵。将图片变得更清晰、更鲜活，一直是计算机视觉领域的重要话题。而无论是尘封多年的泛黄老照片、旧手机拍摄的低清晰度照片，还是不慎手抖拍糊的照片，都能让它们重现光彩。

图像超分辨率技术即从低分辨率图像中恢复出自然、清晰的高分辨率图像。与先前盲猜图片细节的方法不同,引入一张高分辨率参考图像来指引整个超分辨率过程。高分辨率参考图像的引入,将图像超分辨率问题由较为困难的纹理恢复/生成转化为了相对简单的纹理搜索与迁移,使得超分辨率结果在指标以及视觉效果上有了显著的提升。

进一步,提出老照片修复技术。与其他图片修复任务相比,这是一项更为困难的任务——老照片往往同时含有多种瑕疵,如褶皱、破损、胶片噪声、颜色泛黄,也没有合适的数据集来模拟如此复杂的退化。为此,将问题规划为三元域图片翻译,训练得到的模型可以很好地泛化到实际老照片,并取得良好的修复效果。

通常使用深度学习方法进行图像修复需要得到降质前后的图像,但对于老照片这是不存在的,所以需要合成老照片和与其对应的未降质图像,但因为老照片含有胶片颗粒化、褪色、损伤等降质,难以合成高质量的未降质图像。图2-44所示为使用该方法修复的视觉效果。

图2-44　照片修复

思考: 你生活中基于计算机视觉的应用有哪些

计算机视觉是一门研究如何使机器"看"的科学,也就是用摄像头代替人眼,用计算机代替人脑,对目标进行识别、跟踪、测量等。计算机视觉是人工智能研究的重要领域,它试图建立一个像人一样的视觉感知系统。人脸识别技术就是一个典型的计算机视觉技术。它近年来发展迅速,已经越来越多地应用于日常生活中。同样,行人检测、车牌检测、车辆检测等,都是常见的计算机视觉技术。我们来看一下生活中使用到这些技术的场景吧。

(1)交通监控

通常在马路上,尤其是在十字路口,会有一排摄像头。计算机实时从监控视频中检测出人和车辆,用来判断行人和车辆是否违反交通规则。同时,也可以统计某一区域人流量和车流量,如图2-45所示。

模块二 模式识别与机器视觉——人脸识别助力

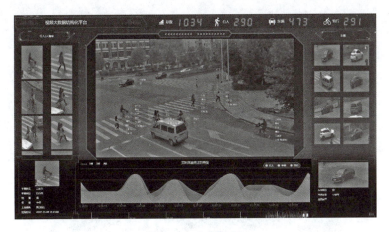

图2-45 交通监控

（2）美颜与人脸贴纸

很多相机App都具有美颜效果。它们可以自动检测出画面中的人脸，并对人脸轮廓、皮肤颜色进行调整，使人脸变得更漂亮。同时，很多相机App包含贴纸特效，可以根据人脸五官位置，增加动态贴纸，使照片更有趣，如图2-46所示。

（3）人脸闸机

在学校门口、大厦入口、机场安检入口等地方，通常会放置人脸闸机。一般的人脸闸机系统会通过摄像头收集画面，自动检测出画面中的人脸，并与数据库中对比，判断人脸是否在数据库中，如果存在，则闸门自动打开。有些闸机需要刷身份证，若人脸信息与身份证信息对应，则闸门会自动打开，如图2-47所示。

图2-46 美颜相机

图2-47 人脸闸机

（4）无人停车场

车辆进入停车场时，摄像头捕捉车牌画面，识别车牌信息，然后打开闸门。当车辆出停车场时，系统再次识别车牌，并计算车辆在停车场的停留时间，然后计费。司机通过刷卡或扫码付费后，闸门打开，车辆通过，如图2-48所示。

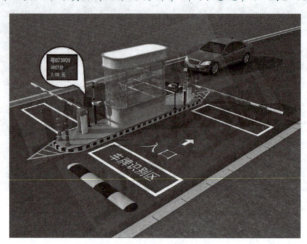

图2-48　无人停车场

除此之外，计算机视觉还可以运用在垃圾分类、婴幼儿看护、火灾预警等多个方面。

小　结

计算机视觉作为人工智能的一种形式，能让计算机"看到"世界，分析视觉数据，进而做出决策或了解环境情况。如今，我们生成了大量数据，这成为计算机视觉增长的驱动因素之一，因为这些数据可用于培训和改善计算机视觉。我们的世界充满了无数的图像和视频，它们大多来自移动设备的内置摄像头。然而，图像并不仅仅局限于照片和视频，还可以是来自热或红外传感器等其他来源的数据。随着大量视觉数据的涌现（每天网上共享的图片超过30亿张），分析这些数据所需的计算能力不仅更容易获得，而且更加廉价。在新硬件和算法的推动下，计算机视觉领域不断发展，目标识别的准确率持续提高，如今已达99%。正因为如此，计算机视觉在各个领域广泛应用，为人类生活带来便利，提升安全性，有力地促进了人类的发展和进步。

模块三

自然语言理解与机器翻译

引言：

近年来，人工智能改变了机器与人类的互动方式。人工智能可以帮助人类解决各种复杂问题，例如，根据个人喜好向用户推荐电影（推荐系统）。得益于高性能图形处理器（graphics processing unit, GPU）和大量的可用数据，人们现在可以创造出具有类似人类的学习和行为能力的智能系统。

知识导图：

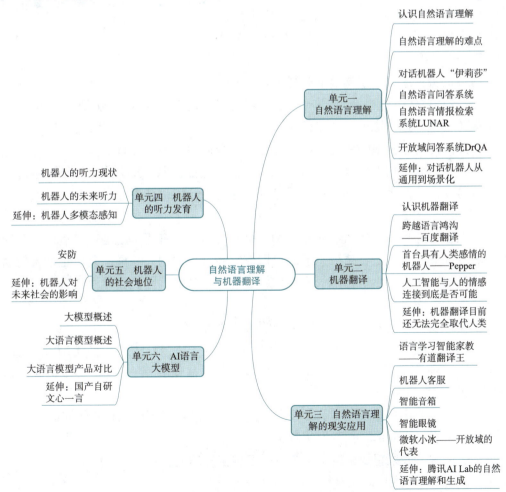

单元一　自然语言理解

自然语言理解是一门新兴的边缘学科，内容涉及语言学、心理学、逻辑学、声学、数学和计算机科学，而以语言学为基础。自然语言理解的研究，综合应用了现代语音学、音系学语法学、语义学、语用学的知识，同时也向现代语言学提出了一系列要求。

3.1.1　认识自然语言理解

自然语言理解（natural language understanding，NLU）是自然语言处理（natural language processing，NLP）的一部分，另一部分是自然语言生成（natural language generation，NLG），如图3-1所示。

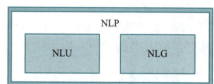

图3-1　自然语言相关概念

自然语言其实就是生活中平时交流常用的表达方式，它是相对于专业化、程序化语言来说的。如果具体细分，自然语言理解还可以分为书面语理解和口语理解两个方面。

自然语言：这位小朋友眼睛近视了。

非自然语言：这位小朋友屈光不正，平行光线进入他眼内时视网膜上不能形成清晰像（程序专业化描述，类似程序设计语言）。

上面两句对近视眼的描述，第一种方式是我们习惯使用并且能被大众所轻松理解的，该方式就是自然语言；而对第二种描述方式就没那么直白了，它无形中过滤了一部分受众，因为它的描述用到了某些领域的专业术语，更像是程序化语言，该方式就是非自然语言。

自然语言理解又是什么含义呢？顾名思义，自然语言理解就是对自然语言的理解、领会，其实它就是希望无意识的机器能够像有思想的人一样，具备正常人的语言理解能力。然而，由于自然语言在理解上有很多难点，因此自然语言理解还远远没有达到人类的表现。

下面通过一个具体案例来深层次介绍自然语言理解。

对话系统这个场景在2015年开始突然火起来了，主要是因为一个技术的普及：机器学习特别是深度学习带来的语音识别和自然语言理解——解决的主要问题就是识别人讲的话。

这个技术的普及让很多团队掌握了一组关键技能：意图识别和实体提取。

我们来看一个简单的生活中的例子。

在生活中，如果想要订机票，会有很多种自然的表达：

"订机票";
"有去北京的航班吗？";
"看看航班，下周二出发去纽约的";
"要出差，帮我查下机票";
等等。

可以说，"自然的表达"中有很多的组合（自然语言）都可以表示"订机票"这个意图的。而听到这些表达的人，可以准确理解这些表达指的是"订机票"这件事。

然而，现实是要理解这么多种不同的表达，对机器而言是个挑战。在过去，机器只能处理"结构化的数据"（如关键词），也就是说如果要听懂人在讲什么，必须要用户输入精确的指令。

所以，无论你说"我要出差"还是"帮我看看去北京的航班"，只要这些字里面没有包含提前设定好的关键词"订机票"，系统都无法处理。而且，只要出现了关键词，比如"我要退订机票"里也有"订机票"这三个字，也会被处理成用户想要订机票。

机器通过"订机票"这个关键词来识别意图。

自然语言理解出现后，可以让机器从各种自然语言的表达中区分出哪些话归属于这个意图；而哪些表达不是归于这一类的，而且不再依赖死板的关键词。比如，经过训练后，机器能够识别"帮我推荐一家附近的餐厅"，就不属于"订机票"这个意图的表达。并且，通过训练，机器还能够在句子当中自动提取出目的地这个概念（即实体），以及出发时间。

3.1.2 自然语言理解的难点

通过上面对自然语言理解的认识，我们很容易想到自然语言理解面临着许多难点。下面先列举一些机器不容易理解的案例：

①老师说衣服上除了校徽别别别的。
②这几天天天天气不好。
③看见西门吹雪点上了灯，叶孤城冷笑着说："我也想吹吹吹雪吹过的灯"，然后就吹灭了灯。
④今天真是多得谢逊出手相救，在这里我想真心感谢"谢谢谢逊大侠出手"。
⑤顾姑姑你估估我鼓鼓的口袋里有多少谷和菇！
⑥"你看见王刚了吗？""王刚刚刚刚走。"

对于机器来说，自然语言理解难点大致可以归为五类。

第一个难点就是语言的多样性。世界上有5 600多种不同的语言和方言，比如，"这么做可不中"，"你可拉倒吧"，这些都是某些地方的习惯用语，但并不是全国都流行的普通话，所以别说计算机了，就是人类有些可能也不太明白。另外，自然语言的组合方式非常灵活，字、词、短语、句子、段落……不同的组合可以表达出很多的含义。例如：

①我要听《我的中国心》。
②给我播《我的中国心》。
③我想听歌——《我的中国心》。
④放首《我的中国心》。
⑤唱一首我的中国心。
⑥放音乐——《我的中国心》。
⑦放首歌——《我的中国心》。

第二个难点是语言的歧义，和语言的多样性有点联系又不尽相同。可以说，多样性指不同的话可以表达同样的意思，而歧义则是同一句话可以表达多种意思。例如，如果缺少上下文环境的约束，就可能会可产生歧义。例如，"我要去拉萨"，是需要火车票？需要飞机票？想要听音乐？还是想要查找景点呢？

第三个是语言的稳健性。自然语言在输入的过程中，尤其是通过语音识别获得的文本，会存在多字、少字、错字、噪声等问题，但是对语言的意思影响不大。比如，"大王叫我来新山"，"大王叫我来巡山"，"大王叫我巡山"，应该能理解出是一个意思。

第四个难点是语言的知识依赖。比如，"菊花台真不错。"如果不知道菊花台是一首歌，就可能以为是一个地名，或者一幅画。又如，"7天"既可以表示时间，也可以表示酒店名。怎么理解知识，并且构建知识之间的联系，是今后研究的热点。

第五个难点是语言的上下文。上下文的概念包括很多种：对话的上下文、设备的上下文、应用的上下文、用户画像……如何有效地利用上下文对于自然语言理解有着重大的意义。比如：

U：买张火车票。
A：请问你要去哪里？
U：宁夏。
U：来首歌听。
A：请问你想听什么歌？
U：《宁夏》。

同样的回答，但代表的意思完全不同。

3.1.3 对话机器人"伊莉莎"

人工智能软件伊莉莎（Eliza）是世界上第一个真正意义上的聊天机器人，也是最早的与人对话程序，由系统工程师约瑟夫·魏泽堡和精神病学家肯尼斯·科尔比在20世纪60年代共同完成。他们将程序命名为"伊莉莎"，灵感来自英国著名戏剧家萧伯纳的戏剧《偶像》中的角色，它能够使计算机与人用英语谈话。我们来看一下"伊莉莎"在计算机上与一位姑娘的谈话摘要：

姑娘：男人们全都一样。

伊莉莎：在哪些方面？

姑娘：他们总找借口躲避我们。

伊莉莎：你能举个例子吗？

姑娘：好吧，我的男朋友要我到你这里来。

伊莉莎：哦，你的男朋友要你到我这里来。

姑娘：他说我很烦闷。

伊莉莎：你很烦闷，这使我很难过。

从上面的对话我们可以看到，"伊莉莎"不仅"听懂"了姑娘的讲话内容，而且很有同情心，像一个知心朋友一样给人以安慰。这个程序发表后，许多心理学家和医生都想请它为人进行心理治疗，一些病人在与它谈话后，对它的信任甚至超过了对人类医生的信任。这种状况令程序开发者和人工智能专家深感忧虑：一台机器居然让一些受过良好教育的人和它进行长时间的亲密交谈，而机器其实完全不理解人的喜怒哀乐！

"伊莉莎"对人说的话，只不过是颠倒一下谈话人的语序，它会在对方的言语中进行关键词扫描，为其中的某些"关键词"匹配上合适的"对应词"，然后再返回给谈话人。当然，它的编排相当巧妙，比如你说"很烦闷"，它就说"很难过"；你说"我想哭"，它就问"为什么想哭"。关键词被按照日常使用中的频率划分为不同的等级。"伊莉莎"会逐一在自己的数据库里检索，看是否有对这个词的说明。"伊莉莎"所涉及的人工智能并不复杂，它只是能与人直接对话的计算机程序。如果这是一句完全陌生的话，它就做出通用的回答，例如："你具体指的是什么？""你能举个具体的例子吗？"如果这句话能看懂，也就是找到了对大部分关键词的解释说明，它就会根据说明来造一个新句子。当它找不到合适的对应词回答问题时，会机敏地讲一些无关痛痒的话，如"这很有意思，请继续说"，或者"请你说详细点好吗？"。从技术观点看，"伊莉莎"与人的对话，并不是在对句子理解的基础上进行的。

3.1.4 自然语言问答系统

问答系统（question answering system, QA）是信息检索系统的一种高级形式，它能用准确、简洁的自然语言回答用户用自然语言提出的问题。其研究兴起的主要原因是人们对快速、准确地获取信息的需求。问答系统是人工智能和自然语言处理领域中一个备受关注并具有广泛发展前景的研究方向。

1950年，图灵提出图灵测试。该测试的目的并不是获取信息，而是测试计算机是否具有智能。图灵测试是把计算机和人都藏在用户看不见的地方，用户提出一系列问题，计算机或者人给出问题的解答，如果用户分不清是人在回答还是计算机在回答问题，那么就认为该计算机具有智能。早期还有一些基于知识库的问答系统研究，包括基于本体的问答系统、受限语言的数据库查询系统、问答式专家系统等。这些系统虽然能在特定的领域中达到比较好的性能，但是它们大多是受限的。首先是语言受限，即只能使用少数几种问题语言模式，一旦采用比较随意的语言，质量就会明显下降。其次是知识受限，一般只能够回答某一个特定领域中的专业性问题。

不同的应用需要不同形式的问答系统，其所采用的语料和技术也不尽相同。相应地，可以从不同的角度对问答系统进行分类，如根据应用领域、提供答案的语料、语料的格式等角度进行分类。

从涉及的应用领域进行分类，可将问答系统分为限定域问答系统和开放域问答系统。

限定域问答系统是指系统所能处理的问题只限定于某个领域或者某个内容范围，如只限定于医学、化学或者某企业的业务领域等。例如，BASEBALL、LUNAR、SHRDLU都属于限定域的问答系统。BASEBALL只能回答关于棒球比赛的问题；LUNAR只能回答关于月球岩石化学数据的相关问题；SHRDLU只能回答和响应关于积木移动的问题。由于系统要解决的问题限定于某个领域或者范围，因此，如果把系统所需要的全部领域知识都按照统一的方式表示成内部的结构化格式，则回答问题时就能比较容易地产生答案。

开放域问答系统可回答的问题不限定于某个特定领域。在回答开放领域的问题时，需要一定的常识知识或者世界知识并具有语义词典，如在许多英文开放域问答系统中都会使用WordNet。此外，中文的WordNet、"同义词词林"等也常在开放域问答系统中使用。

按支持问答系统产生答案的文档库、知识库，以及实现的技术分类，可分为自然语言的数据库问答系统、对话式问答系统、阅读理解系统、基于常用问题集的问答系统、基于知识库的问答系统，以及基于大规模文档集的问答系统。

中文问答系统相对于英文有如下几个方面的难点：

①连写：中文是连续书写，分词是汉语言处理的基础。中文问答系统由于是句子级别的信息检索，要分析句子，首先要分词。

②形态：汉语缺乏狭义的形态变化，如英文中的主动被动语态、完成时进行时等，形态对于计算机就是标记，有利于计算机处理。

③语法：中文语法灵活，句子各成分之间的关系靠词序、"意合"、虚词，变化较多。

④语义：一词多义、同音词、同义词、近义词等，以及丰富的表达方式，上下文依赖度高，省略语等都是计算机处理的难点。

⑤语法研究：面向计算机处理的中文语法研究不足，如中文问答系统需要的关

于中文句型形式化、不同句型之间转换研究资料极少。

⑥相关资源：缺乏包括语法、语义词典等中文语言学资源和相关生熟语料。

中文问答系统需要在现有中文信息处理技术基础上，充分研究和利用问答的特性与需求，通过各种方法解决和克服（或暂时回避）以上难点和困难，进行设计和开发。

问答系统主要应用于Web形式的问答网站，代表作有百度知道、新浪爱问、天涯问答、果壳、知乎等这些即问即答网站。

3.1.5 自然语言情报检索系统LUNAR

LUNAR系统是由伍兹（W. Woods）于1972年研制成功的一个自然语言情报检索系统，具有语义分析能力，用于帮助地质学家比较从月球卫星Apollo-11上得到的月球岩石和土壤组成的化学成分数据。图3-2所示为月球土壤。这个系统采用形式提问语言（formal query language）来表示所提问的语义，从而对提问的句子作出语义解释，最后把形式提问语言执行于数据库，产生回答。该系统具有一定的实用性，为地质学家提供了一个有用的工具，也显示了自然语言理解系统对科学和生产的积极作用。

图3-2　月球土壤

LUNAR系统的工作过程可分为三个阶段。

第一阶段：句法分析采用ATN及语义探索方法产生人提出的问题的推导树。

第二阶段：语义解析采用形式化的方法来表示提问语言所包含的语义。

第三阶段：回答问题产生对提问的回答。

LUNAR系统的专业范围有严格的限制，在语言处理中尽量解决那些常见的语法现象，不花费过多的精力去解决那些目前水平还不能解决的复杂问题，因而能很快地投入使用，为地质学家提供了一个有用的自然语言信息检索系统。

延伸： 对话机器人从通用到场景化

最近出现了各种图灵测试的翻版，就是做知识抢答赛来验证人工智能，从产学研应用上来讲就是对话机器人，非常有趣味性和实用价值。

现在更多的做法和场景结合，降低难度，然后做任务执行，即希望做特定场景时的有用的人机对话。在做人机对话的过程中，大家热情一轮比一轮高涨，但是随后大家发现，很多问题是由于自然语言的理解没有到位，才难以产生真正的突破。

单元二 机器翻译

从计算机刚刚诞生之日起,人们就曾经尝试用它来进行一些语言现象的处理工作,自然语言理解的研究,最初就是从机器翻译开始的。随着信息时代的到来,"信息爆炸"成为信息处理领域的瓶颈,不同语种之间大量的信息交流更加大了问题的严重性。不同语言之间的翻译工作越来越迫切,并且工作量越来越大。机器翻译是解决这个问题的有力手段之一,这也是机器翻译长期成为自然语言处理研究中心的主要原因。

3.2.1 认识机器翻译

机器翻译,又称为自动翻译,是利用计算机将一种自然语言(源语言)转换为另一种自然语言(目标语言)的过程。它是计算语言学的一个分支,是人工智能的终极目标之一,具有重要的科学研究价值。同时,机器翻译又具有重要的实用价值。随着经济全球化及互联网的飞速发展,机器翻译技术在促进政治、经济、文化交流等方面起到越来越重要的作用。

机器翻译的研究历史可以追溯到20世纪三四十年代。20世纪30年代初,法国科学家阿尔楚尼提出了用机器来进行翻译的想法。1933年,苏联发明家特罗扬斯基设计了把一种语言翻译成另一种语言的机器,并在同年9月5日登记了他的发明;但是,由于当时技术水平还很低,他的翻译机没有制成。1946年,第二台电子计算机第一台通用计算机埃尼阿克(ENIAC)诞生,随后不久,信息论的先驱、美国科学家W. Weaver和英国工程师A. D. Booth在讨论电子计算机的应用范围时,于1947年提出利用计算机进行语言自动翻译的想法。1949年,W. Weaver发表《翻译备忘录》,正式提出机器翻译的思想。学术界一般将机器翻译的发展划分为如下四个阶段。

1. 开创期(1947—1964年)

1954年,美国乔治敦大学(Georgetown University)在IBM公司协同下,用IBM-701计算机首次完成了英俄机器翻译试验,向公众和科学界展示了机器翻译的可行性,从而拉开了机器翻译研究的序幕。

中国开始这项研究也并不晚,早在1956年,中国就把这项研究列入了全国科学工作发展规划,课题名称是"机器翻译、自然语言翻译规则的建设和自然语言的数学理论"。1957年,中国科学院语言研究所与计算技术研究所合作开展俄汉机器翻译试验,翻译了九种不同类型的较为复杂的句子。

从20世纪50年代开始到60年代前半期,机器翻译研究呈不断上升趋势。美国和苏联出于军事、政治、经济目的,均对机器翻译项目提供了大量的资金支持,而欧洲国家由于地缘政治和经济的需要也对机器翻译研究给予了相当大的重视,机器翻译一时出现热潮。这个时期机器翻译虽然刚刚处于开创阶段,但已经进入了乐观的繁荣期。

2. 受挫期（1964—1975 年）

1964年,为了对机器翻译的研究进展作出评价,美国科学院成立了语言自动处理咨询委员会（Automatic Language Processing Advisory Committee,简称ALPAC委员会）,开始了为期两年的综合调查分析和测试。

1966年11月,ALPAC委员会公布了题为《语言与机器》的报告（简称ALPAC报告）,该报告全面否定了机器翻译的可行性,并建议停止对机器翻译项目的资金支持。这一报告的发表给了正在蓬勃发展的机器翻译当头一棒,机器翻译研究陷入了近乎停滞的僵局。

3. 恢复期（1975—1989 年）

进入20世纪70年代后,随着科学技术的发展和各国交流的日趋频繁,传统的人工作业方式已经远远不能满足需求,迫切地需要计算机来从事翻译工作。同时,计算机科学、语言学研究的发展,特别是计算机硬件技术的大幅度提高以及人工智能在自然语言处理上的应用,从技术层面推动了机器翻译研究的复苏,机器翻译项目又开始发展起来,各种实用的以及实验的系统被先后推出,例如Weinder系统、EURPOTRAA系统、TAUM-METEO系统等。

在我国,机器翻译研究也被再次提上日程。20世纪80年代中期以后,我国的机器翻译研究发展进一步加快,研制成功了KY-1和MT/EC863两个英汉机译系统,表明我国在机器翻译技术方面取得了长足的进步。

4. 新时期（1990 年至今）

随着Internet的普遍应用,世界经济一体化进程的加速以及国际社会交流的日渐频繁,传统的人工作业的方式已经远远不能满足迅猛增长的翻译需求,人们对于机器翻译的需求空前增长,机器翻译迎来了一个新的发展机遇。国际性关于机器翻译研究的会议频繁召开,中国也取得了前所未有的成就,相继推出了一系列机器翻译软件,如"译星""雅信""通译""华建"等。在市场需求的推动下,商用机器翻译系统迈入了实用化阶段。

21世纪以来,随着互联网的普及,数据量激增,统计方法得到充分应用。互联网公司纷纷成立机器翻译研究组,研发了基于互联网大数据的机器翻译系统,从而使机器翻译真正走向实用,如"百度翻译"等。近年来,随着深度学习的进展,机器翻译技术得到了进一步发展,促进了翻译质量的快速提升,在口语等领域的翻译更加流畅。

3.2.2 跨越语言鸿沟——百度翻译

百度翻译依托互联网数据资源和自然语言处理技术优势,致力于帮助用户跨越语言鸿沟，方便快捷地获取信息和服务。百度翻译支持200多种语言互译，包括中文、英语、日语等语种，覆盖4万多个翻译方向，通过开放平台支持超过40万企业和个人开发者，是国内市场份额第一的翻译类产品。百度翻译有App和网页产品两种使用方法。

1. 百度翻译 App

百度翻译App是集词典、翻译、双语文章、英语口语测评和小视频等功能于一身的英语学习软件，覆盖拍照、AR、语音、对话、离线等多种翻译模式；内含免费牛津、柯林斯等词典，更有海量双语例句、特色视频讲解、词根词缀、同义词辨析等多种词典资源。其主要通过利用词典做数据库，提供拍照翻译、语音/对话翻译、取词翻译等功能。

①拍照翻译：无须输入，轻轻一拍，翻译结果立刻实景展现。支持拍照、涂抹、AR三种模式，覆盖中、英、日、韩、法等17种语言。

②语音/对话翻译：实时语音翻译，支持中、英、日、韩、法等21种语言的语音输入，更有英文口语打分纠音，助力口语提升。

③取词翻译：手机对准英文单词，即可秒现单词释义，查词效率大幅提升。

2. 百度翻译网页产品

百度翻译网页产品包括PC和WAP在线翻译，支持文档翻译、图片翻译、网页翻译等功能，支持生物医药、电子科技、水利机械垂直领域翻译，提供牛津、柯林斯等词典、海量双语例句、特色视频讲解、词根词缀、同义词辨析等多种词典资源。

①文档翻译：支持Word、PDF、PPT、Excel格式文档，支持中英、中日、中韩互译，最大限度保留文档的样式和排版，一键上传全篇翻译，原文译文对照查看，并支持导出，提升文档翻译效率。

②图片翻译：支持图片翻译功能，粘贴图片到输入框，即可将图片中的文本提取出来进行翻译。同时支持Chrome截图翻译插件，网页截图，轻松识别，结果立现。

③网页翻译：支持网页翻译功能，输入网址，选择翻译语言，即可翻译网页内容，方便浏览外文网站。同时支持Chrome、火狐等浏览器的网页翻译插件，安装后即可识别页面语言，一键网页翻译，支持划词翻译。

3.2.3　首台具有人类感情的机器人——Pepper

2015年6月，作为全球首台具有人类感情的机器人，软银集团开发的人形机器人Pepper第一次面向公众发售。这是一个不仅仅执行"自然语言"的机器人，其具备的语音/情感识别技术，可分析表情和声调等。这一过程基于Pepper的视野系统，经语音系统识别后，情感系统随即分析面部表情，通过量化评分最终做出对人类情感的判断，并以动作结合表情与人交流。

3.2.4 人工智能与人的情感连接到底是否可能

人工智能与人的情感连接到底是否可能？其一，人工智能需要读懂人类的情感；其二，人工智能可自我表达情感。然而，到底什么是情感？情感何以产生？什么是人的情感？什么是人工智能的情感？人工智能是否可能产生类似于人的情感？

事实上，人的情感与人工智能的情感从本质上来讲是同源的：一种反馈，不同的输入产生的不同反馈。在人与人的沟通过程中，情绪在情感传递中占比巨大，从理性决策、感知到学习与再创造。甚至有研究表示，"人类交流中80%的信息都是情感性的信息"，而绝对理性的决策在很多时候并非最优。

从认知科学角度来看，情感本身是高级智能的一部分。人类进化过程中，情感识别不断修正优化，大脑计算和分配的方式依赖情感状态的不同，因而在执行的过程中也会变化巨大。因而，在人与人面对面交流时，互相接收的情感性信息从面部表情到肢体表达，多维度渗透，而在人机交互中，肢体这一维度是缺失的，应如何解决？

卡内基梅隆大学人机交互学科针对于此，研发了SARA（socially aware robot assistant），它不仅可以在与人类沟通的非语言领域自主学习人类在沟通过程中顺畅、友好的模式，并且可以在麦克风和摄像头等设备的辅助下，结合观察所得，包括细微的表情变化、声调浮动、肢体移动，并综合诸多因素判断人的情感。人与人之间难免会有一些难以表达的沟通需求，聊天机器人如果没有及时捕捉到情感的细枝末节，而只停留在语言表层的理解，恐怕会造成难以收拾的局面。

SARA项目包含了三个之前从未使用过的元素：会话策略分类器、融洽度估测器和社交推理器。会话策略分类器是五个单独的识别器，可分类五种会话策略中的任何一种，准确率高达80%；融洽度估测器可以让人工智能知道你与它的相处情况；社交推理器则可以根据融洽度水平，基于最近一次会话策略以及非言语行为决定下一句什么，此处会激发SARA面部识别功能。有报道称，当你与SARA沟通时的表情起了一个"正向反馈"，比如，你笑了，SARA接下来与你的沟通时也会随着这个正向反馈而产生变化。简单来说，即在做出情感判断之后，以不同的回复来改变说话者的情感倾向。

要从与人类沟通过程中的微表情和肢体变化中提取有用的信息，并作为决策依据，必然要求人工智能有强大的交互设备支持，如只有高帧数的摄像机才能记录下人类的微表情；而麦克风的灵敏度也是重要指标之一，用以检测对话者语气中的微妙变化。

随着与人类沟通次数的增多，SARA可以更好地了解用户的偏好程度，并利用这些具体的"偏好"信息进行建模，从而实现人机交互的目的之一：个性化服务。

人工智能与社会

人类对于自身的情感认知还在极其有限的探索过程中，虽然SARA的例子在人工智能的构造层面可以下一个保守的判断：人工智能可以拥有情感能力，但人工智能是否知道自己有情感判断的能力则是另一层面的问题了。

延伸：机器翻译目前还无法完全取代人类

国际计算语言学学会（ACL）代表了计算语言学的最高水平，每年都会在其年会上颁发终身成就奖，奖励在自然语言处理领域做出杰出贡献的科学家，李生是第一位获得此项殊荣的华人。李生于1985年开始研究汉英机器翻译，在机器翻译技术及其相关的句法、语义分析等自然语言处理方面成就卓著，获得过七项部级进步奖，并为中国计算机领域培养了一批成就卓著的青年专家。

"以往的机器翻译都是逐字逐句来进行，结果往往语序颠倒、语义混乱。我们输入专门的语法调序规则，将可能的语句组合排列出来，系统自主识别最适合的组合。"李生介绍。小度机器翻译技术是通过海量自然语言语料库，让机器自动学习理解不同单词、短语和句式，然后进一步优化自身系统，并突破了"消歧"和"调序"等难题。

"未来我们还打算对机器新闻写作进行研究。"李生表示，今后新闻写作也可交由机器来完成：系统提前掌握每个人的写作风格，输入标题和新闻要素，根据一个关键词可以生成几段不同意思的短文，排列出几个组合，再由作者调整顺序和润色语句。

机器语言文本的高度智能化会不会导致记者、翻译的失业？李生认为，目前的技术手段还无法完全达到翻译中"信、达、雅"的标准，机器还无法完全取代人类。

单元三　自然语言理解的现实应用

几乎所有和文字语言和语音相关的应用都会用到自然语言理解。下面介绍一些具体的实例。

3.3.1　语言学习智能家教——有道翻译王

下个月小李要去一趟欧洲，陪女朋友游历欧洲七国。

但是，小李和女朋友的英语都不好，德语、法语更是一窍不通。然而，他们选择了自由行，现在他俩内心都很慌。在上网时，小李发现了可以即时在线翻译43种语言、中英文翻译相当于专业八级水准的有道翻译王2.0 Pro。

如图3-3所示，有道翻译王有两大翻译选择——拍照翻译和语音互译。

在机身背后，有道翻译王配备了一个500万像素的高清摄像头，支持AF自动对焦功能。小李首先对最常用的英语翻译进行了拍照翻译测试，通过主界面的"拍译"功能进入拍照翻译界面，将摄像头对准需要翻译的句子，在AF自动对焦的加持下，对焦非常迅速。这时，只需要按下拍照键，翻译结果便瞬间显示在了屏幕上。

与一般软件翻译所不同的是，有道翻译王2.0 Pro通过内置有道神经网络翻译（YNMT），翻译的语法没有那么生硬，就像一位专属的外教老师一样准确而亲切。

有道翻译王2.0 Pro支持离线神经网络翻译功能，可以让用户在没有网络的情况下，甚至飞机航班上，都可以使用到高质量、便捷的翻译功能。用户在出境旅游时无论有没有网络，都可以借助有道翻译王2.0 Pro实现顺畅的交流。

为了测试有道翻译王的性能，小李摘抄了一些英文，尝试了几次中英文互译。效果很明显，不太标准的普通话它能听懂，不太符合语法的英语它也能明白。

图3-4所示为语音翻译的示例。图3-5所示为拍照翻译示例。

图3-3　有道翻译王

我想换一些美元。

图3-4　有道语音翻译

The flight will take four hours.

图3-5　有道拍照翻译

3.3.2　机器人客服

图3-6所示为一种机器人客服。机器人客服，尤其是语音方向，对应答的准确性、自然程度有较高的要求，否则会出现机器人自说自话、转人工率过高等情况，非但不会减轻人工客服的压力，反而会导致投诉变多。客户的投诉率上升，这是很多大型企业在进行客服中心智能化改造时顾虑的因素。下面介绍几个典型的智能机器人客服。

1. 百度夜莺

百度夜莺是百度在2016年发布的智能客服平台。百度夜莺基于百度人工智能、大数据、云计算等技术为企业提供人工智能+人工的客户服务解决方案，涵盖售前、售中、售后等各个环节；致力于降低企业客服成本，提升客服效率，为企业打造即时、高效、智能的优质客户服务，为用户提供更好的客服体验，已服务百度糯米、外卖、地图、教育、医疗等众多产品线。

百度夜莺基于百度前沿的人工智能技术，具备精

图3-6　机器人客服

准的语义分析、意图理解能力，在明确用户意图的基础上，使用搜索引擎技术能像人一样自然地与用户交互，快速解决用户问题。

百度夜莺能7×24 h全天候在线服务，精准答复、多轮引导、智能预测，可解答80%以上的用户咨询，有效减少人工客服压力，并且可以智能分配、人机协同，当机器人无法回答问题时，可由人工客服接入，根据对话历史持续提供服务；在人工客服会话时，可以根据用户的问题，一键获取答案，供人工选择回复。

随着移动设备的普及，以及用户使用语音交流的习惯养成，用户在咨询时会很自然地通过语音方式咨询，语音识别功能可以自动将语音转换为文本，让用户与机器人客服轻松自然地进行交互。

在海量的用户问题中，百度夜莺首先通过提取系统业务核心词，然后对业务核心词下用户问题聚类统计，最后为聚类问题簇提取标签。当业务复杂时可多次聚类，明确用户关键问题，了解用户核心诉求，更快更准地把握时机，全面保障用户的优质服务体验。

将PC网页、手机端网页、App、微信等渠道整合在一个客服工作台处理所有用户问题，并通过语音、图片、文字、表情等多种沟通方式交流，提高工作效率，降低企业成本。同时，用户的多样化需求和客服人员的绩效考核也可以在平台上清晰呈现及实时监测、管理。百度夜莺已成功服务于众多产品线，可以解决80%的高频重复性问题，整体提高客服效能，并在电商、金融、教育、医疗等多个行业都有成功案例。

在糯米，PC、App、微信引入夜莺后，人日均接待用户量为电话客服的四倍，其中机器人解决问题占在线渠道总量的一半；在外卖，时效性最为关键，引入夜莺智能机器人后，毫秒级响应，7×24 h守候用户，保证极速响应客户咨询，智能机器人日均接待用户量为在线客服总量的19倍，在金融、钱包、信贷等多个产品。引入夜莺后，在线客服接待用户量增速明显。

2. 阿里小蜜

阿里小蜜（见图3-7）是阿里巴巴集团在2015年7月24日发布一款人工智能购物助理虚拟机器人。阿里小蜜是一个无线端多领域私人助理，依托于客户真实的需求，通过智能+人工的方式提供客户极致的购物体验服务，提升客户留存并创造价值。目前阿里小蜜正在逐步开放中，在手机淘宝客户端-我的淘宝-中可以找到。

图3-7 阿里小蜜

在跨终端、多场景领域支持多轮交互、多模式交互（文本、语音和图像）和问题推荐预测；支持多模型识别客户意图；基于客户需求的垂直领域（服务、导购、助手等）均通过智能+人工的方式提供客户极致的客户体验。

"阿里小蜜"集合了阿里巴巴集团淘宝网、天猫商城、支付宝等平台日常使用规范、交易规则、平台公告等信息，凭借阿里在大数据、自然语义分析、机器学习方面技术积累，精练为几千万条真实而有趣且实用的语料库（此后每天净增0.1%），通过理解对话的语境与语义，实现了超越简单人机问答的自然交互，最终成长为私人购物助理、贴心生活助手。自然人机交互，就是让机器变得更自然，学习人的沟通的方式，语音、手势、表情、触摸等交流方式，这些技术是移动互联网快速成长的基础。但另外一个层面，移动互联也需要人们思考和解决，如何让机器更加容易理解人的思想和意图，这种人工智能和以前的人工智能概念不同，更多是通过云计算、大数据、深度神经网络等技术，让机器逐渐能够具有一种基于数据相关性所产生的基本智能。

2019年10月22日，2019年度第九届"吴文俊人工智能科学技术奖"公布获奖名单，阿里巴巴语音人工智能助手阿里小蜜与清华大学智能技术与系统国家重点实验室联合获得人工智能科技进步奖一等奖。

3. 网易七鱼

2016年4月，网易发布定位智能客服机器人的网易七鱼。网易七鱼可以支持来自App、微信等其他多渠道的信息接入；同时支持图片、表情等多种沟通方式；此外，云客服系统还对接了企业的CRM，并且支持多种方式创建工单，方便跨部门协作以及问题跟进；最后，还会给企业提供给数据报表及分析。

网易七鱼荣获国际信息安全管理体系认证——ISO/IEC 27001：2013和全球权威的云安全国际认证——CSA-STAR，网易七鱼作为已经通过这两项国际认证的SaaS云服务厂商，标志着其在信息安全管理尤其是云端安全管理和技术能力领域已获得国际权威认可，确保可为企业提供稳定、安全的客户服务。ISO 27001是一项被广泛采用的全球安全标准，该认证充分证明网易七鱼的安全管理符合国际公认的标准，可以为客户提供一个系统的、持续的方法来管理信息安全，以保障自身及客户数据信息的私密性、完整性和可用性。

CSA-STAR是一项针对云端安全的国际专业安全认证项目，以ISO/IEC 27001认证为基础，从多个维度综合评估组织云端安全管理和技术能力。该认证充分认可网易七鱼针对云端安全威胁所做的设施部署及解决方案，确保七鱼可为企业安全稳定的客户服务提供坚实保障。

可信云服务认证是由数据中心联盟组织、中国信息通信研究院测试评估的面向云计算服务的评估认证。数据中心联盟是由工信部通信发展司指导，中国信息通信研究院联合国内外互联网企业、电信运营商、软硬件制造商等单位共同发起组建的。

可信云服务认证的核心目标是建立云服务的评估体系，为用户选择可信、安全的云服务提供支撑。网易七鱼成为行业领先获得可信云企业级SaaS服务认证的产品，意味着网易七鱼产品在数据安全、服务质量、客户权益保障以及运维专项等评估中获得权威认证。

4. 云知声

云知声是智能电话机器人，与传统人工客服相比，其智能客服的优势显著。借助人工智能技术，可将人力从繁杂的机械问答中解放出来，聚焦于有温度的、更高阶的个性化服务，有助于提升客户体验。与此同时，智能客服在时间利用率、运维成本、服务效率等方面的优势，也将为企业创造更大的边际收益。

2018年，云知声依托在人工智能尤其是语音技术领域深耕多年的产品与服务经验，正式推出"嘀咕"智能电话机器人。面向客服答疑、银行金融、下单查询、政务办理、会员关怀、会议邀约、服务预订等语音交互应用的典型场景，"嘀咕"可提供知识图谱、语言定制、人性化对话、数据回流/分析等全流程服务支持。

5. 嘀咕

"嘀咕"是一个"懂行业、轻运营、能分析"的智能电话客服专员。它是行业专家，听得懂专业语言；它是优质客服，可解答各种难题；它更是营销专家，能说会道效率高……在"嘀咕"聪明头脑的背后，集成了云知声业界一流的语音识别（ASR）、自然语言理解（NLU）、语音合成（TTS）、知性会话（KRC）、语用计算等技术。

基于云知声知性会话（knowledge-rich conversation）模型，"嘀咕"智能电话机器人可提供基于知识理解的会话服务，以及丰富的会话式交互功能，并支持多问多答。假设用户针对一个问题进行多次提问，KRC可以针对每次回答进行不同的修饰和轮播，避免僵硬重复的复读机式应答。

语用计算是云知声在认知智能方面提出的技术理念，是一种应用多样化的语境信息为对话式交互服务的技术。相较于传统的只研究字面意思的语义理解，语用计算更加符合真实的语境，云知声语用通过5W & 1H（Who，When，Where，Which，What & How）原则理解是什么人在什么时候、什么地方对着什么设备说了什么话，而后由语用决定如何去回应。

云知声智能电话机器人和CTI线路，客户只需要插入一根E1电话线，便可实现正常的人机对话；同时也可以与客户已有的外呼中心通过SIP中继连接，支持呼入和呼出的无缝对接，人机对话流程中支持与企业云核心业务通过HTPP/HTTPS RESTful接口对接。

"嘀咕"整合云知声全栈式人工智能技术能力，尤其是"智能断句"和"流式对话"两大关键技术的应用，使得人与机器人之间的信息传递实现双向对流、互不干扰，并支持随时打断、信息补充和纠错。拨通电话后，用户可随时灵活插话，系统自动过滤无效语音，只反馈有效意图，这样机器人可针对性解答客户疑问，避免答非所问，使对话过程如流水般自然顺畅。

"嘀咕"基于标准信令控制SIP协议，支持多媒体语音流通信服务与双路通话机制，既可与企业的呼叫中心无缝对接，也可提供一站式整合CTI线路的整套服务。系统采用先进的云计算技术与微服务架构，可有效保障系统的便捷扩容与安全稳定，在不改变企业原有系统架构的前提下，实现在线升级扩展系统。

系统云端大脑可不断分析外呼数据，产生数据报表，持续提炼更优表达方式，反哺交互体验，为客户满意提升、流程优化等核心要素提供决策依据。此外，通过数据分析和云知声AI lab团队共同搭建的行业数据中心，数据中心团队可以不断挖掘、分析、搭建相关领域知识图谱，让机器人越来越智能。

基于云知声出色的语音技术与工程化能力，"嘀咕"可从人机交互中自主学习，不断改进客户体验。用户只需"说"出需求，即可顺畅地完成人机对话。对于企业而言，用户的数据安全尤为重要。有别于市面上一些智能客服公司需调用某公有云提供商的语音识别与语义理解接口的服务方式，云知声"嘀咕"智能电话机器人提供语音识别、语义理解、语音合成等完整的私有云方案，可有效保护客户数据隐私及核心技术的不断迭代。"嘀咕"智能电话机器人支持个性化定制，从售前沟通、产品设计、研发、实施、售后服务，北京、上海、深圳、厦门四地公司均可提供支持。此外，云知声产品团队还可为客户量身定制客服用语，针对不同用户画像、标签，层层递进设计，训练出最优对话模型，提高意向客户成单率。目前云知声"嘀咕"智能电话机器人已落地保险、金融、速递等行业多家头部客户，帮助客户打造更精准、高效、优质的客户服务。

值得一提的是，为进一步完善客户使用体验，"嘀咕"智能电话机器人产品团队已着手搭建可视化平台。伴随着该平台搭建完成，"嘀咕"智能电话机器人从研发定制的方案化转型为开放的平台可视化。通过对话流程设计以及数据可视化逐步完善开放，将让合作伙伴以更灵活、高效的方式上手搭建专属的人工智能客服专家。

3.3.3 智能音箱

智能音箱是音箱升级的产物，是家庭消费者用语音进行上网的工具，如点播歌曲、上网购物，或是收听天气预报，它也可以对智能家居设备进行控制，如打开窗帘、设置冰箱温度、提前让热水器升温等。

小度智能音箱即小度机器人（见图3-8），诞生于百度自然语言处理部。2014年9月16日，小度机器人参加江苏卫视《芝麻开门》闯关节目的擂台。小度机器人不仅频频和主持人互动调侃，更是凭借迅速的反应和准确的回答勇闯四关，40道涉及音乐、影视、历史、文学类型的题目全部答对，出色的表现赢得现场观众惊叹不已。不少观众纷纷表示，"小度机器人好厉害，真想再看它多答几轮题！"，"第一次看到机器人前来应战，每道题都保证100%的正确率，确实大开眼界"。依托于百度强大的人工智能，集成了自然语言处理、对话系统、语音视觉等技术，从而小度机器人能够自然流畅地与用户进行信息、服务、情感等多方面的交流。

图3-8 小度机器人

2015年4月23日,小度机器人参加互联网机器翻译论坛,进行中、英、日、韩多语翻译对话演示。百度翻译获得中国电子学会科技进步奖一等奖。2015年7月29日,小度机器人现身2015年ACL大会(The Association of Computational Linguistics)。展台现场的小度机器人吸引了众多观众的围观。在一番"交流"之后,小度强大的语义理解能力和庞大的知识库以及背后的智能化搜索前沿技术都让国内外学者"刮目相看"。大会最受瞩目的终身成就奖颁奖礼上,小度机器人惊艳亮相。在终身成就奖得主李生与嘉宾互动的环节,小度现场客串了一把拟真人"同声传译",将李生的中文回答翻译成英文。小度准确流畅的翻译,获得了现场观众的一致"点赞"。2015年11月19日,以"正确的一下步"为主题的2015百度MOMENTS营销盛典在北京举行。小度机器人也参与了现场互动,可爱卖萌的机器人形象,和幽默风趣的对话赢得现场阵阵掌声。

2015年12月31日,小度机器人亮相浙江卫视中国蓝百度手机助手奔跑吧2016跨年演唱会,小度机器人也因此成为"史上首位主持跨年晚会的机器人"。

2016年4月25日,小度机器人化身肯德基点餐机器人。百度与肯德基在上海联合推出智能概念店"KFC original+",该概念店内,消费者可以体验百度人工智能设备小度机器人带来充满科技感的点餐服务,这也是百度人工智能设备小度机器人首次亮相生活服务场景。此次概念店的推出体现了百度在人工智能领域的持续布局,百度副总裁表示"百度将在利用人工智能技术更好地连接人与服务方面进行更多的探索和创新"。

2017年1月21日,小度与"水哥"王昱珩人脸识别比赛播出,最终小度机器人以2∶0胜出。4月7日,《最强大脑》第四季收官之战,人工智能机器人"小度"和人类脑力选手代表队(黄政、Alex、陈智强)共同成为"脑王"。9月8日,小度赴深圳参加了全球创新者大会(GIC),结识了一位新朋友——机器人Han。两个机器人就"机器人的未来"这个话题进行了探讨,小度认为机器人未来应该更好地理解人、服务人。

2017年6月3日,小度机器人亮相百度第二届Family Day活动,引来了现场小朋友围观和互动。6月5日,小度机器人在百度总部大厦落地,正式开始实习生活,为百度员工以及前来参观、考察的访客提供大厦信息、班车查询、拍照等服务。

2018年2月8日,小度机器人惊艳亮相央视网络春晚,和主持人妙对飞花令,既展示了百度强大的人工智能技术,又宣扬了中国的传统文化。2月11日,小度再次参加央视春晚的录制,在智对春联环节,借助于百度研发的"智能春联"系统,小度再一次让现场的专家和主持人惊喜满满。

2019年2月2日,在2019年春晚1号大厅,小度机器人穿插台前幕后挖掘央视春晚筹备的幕后故事。

北京大学心理与认知科学学院教授魏坤琳指出,"小度"在语音识别方面尚有不足,仍需向人类学习感情的运用:"我们语言中有非常多的信息,比如说情感信息,同样一句话,急躁的时候、生气的时候,都是不一样的。人工智能需要理解这些声音到底有什么样的特性,这一方面应该是人工智能核心挑战。"

小米人工智能音箱:小米人工智能音箱是小米公司于2017年7月26日发布的一款智能音箱,由小米电视、小米大脑、小米探索实验室联合开发。小爱同学是该首款人工智能音箱的唤醒词及二次元人物形象,如图3-9所示。作为唤醒词,小爱同学已经成为小米人工智能音箱的代名词,只要用户对着音箱说出"小爱同学",便可唤醒音箱并与其进行语音交流,完成多种预设技能。

图3-9 小米"小爱同学"

小米人工智能音箱支持语音交互,内容包括在线音乐、网络电台、有声读物、广播电台等,提供新闻、天气、闹钟、倒计时、备忘、提醒、时间、汇率、股票、限行、算数、查找手机、百科/问答、闲聊、笑话、菜谱、翻译等各类功能。另外,小米人工智能音箱可控制小米电视、扫地机器人、空气净化器等小米及生态链设备,也可通过小米插座、插线板来控制第三方产品。

2020年5月22日,小米智能音箱获评艾媒金榜(iiMedia Ranking)发布的《2020Q1中国十大智能音箱品牌排行榜单》第一名。

2021年4月9日,小米发布人工智能音箱第二代,提升了音质与IoT体验,内置蓝牙Mesh网关,支持组合立体声。

天猫精灵:天猫精灵(TmallGenie)是阿里巴巴集团阿里云智能事业群于2017年7月5日发布的人工智能终端品牌。让用户以自然语言对话的交互方式,实现影音娱乐、购物、信息查询、生活服务等功能操作,成为消费者的家庭助手。

2018年3月22日,在北京798艺术区举行的发布会上,阿里巴巴发布了AliGenie人工智能系统2.0版,升级后的天猫精灵及其内置系统将在原有的语音交互能力上,新增视觉识别能力,能够进行视觉认知、多模态交互、情景感知。

2018年5月,天猫精灵方糖(见图3-10)上市。以独树一帜的前出音设计、高辨识度的方形外观,快速取得了消费者认可。

天猫精灵方糖支持语音唤起服务、千万正版曲库、IoT智能家电控制、语音购物等智能服务。

天猫精灵CC10是天猫精灵家族中的首款超大屏智能音箱，专为家庭用户设计，满足年轻家庭娱乐与育儿教学的双重需求。

图3-10　天猫精灵方糖

天猫精灵CC10拥有10英寸屏幕，此外，因为采用了窄边框设计，整体屏占比更高。得益于阿里巴巴的AIoT生态，天猫精灵CC10可支持接入近千家品牌，2.4亿智能设备。

在教育内容方面，天猫精灵CC10接入了教育内容资源，包括独家人教版全课程，以及3 100+名师精讲。

2019年4月18日，天猫精灵春季发布会上，首款智能语音美妆镜天猫精灵QUEEN发布。

天猫精灵QUEEN正面为8英寸镜面，采用AF镀膜工艺，支持智能语音美护助手功能，支持语音控制九种灯效。

镜面周围有一圈64颗专业美妆级LED灯珠包围，支持360°无死角导光。在光线调节上，天猫精灵QUEEN智能语音美妆镜支持暖光、自然光和冷光三色调光，另外，灯光亮度支持七档亮度调节。通过唤醒天猫精灵，即可开关天猫精灵QUEEN智能语音美妆镜。除此之外，天猫精灵QUEEN智能语音美妆镜支持天猫精灵所有的口令功能。

3.3.4　智能眼镜

图3-11所示为一款智能眼镜，也称智能镜。智能眼镜是指"像智能手机一样，具有独立的操作系统，可以由用户安装软件、游戏等软件服务商提供的程序。智能眼镜是可通过语音或动作操控完成添加日程、地图导航、与好友互动、拍摄照片和视频、与朋友展开视频通话等功能，并可以通过移动通信网络来实现无线网络接入的这样一类眼镜的总称"。智能眼镜具有使用简便、体积较小等特点，公众普遍认为智能眼镜的出现将会方便人们的生活，因此它被视为未来智能科技产品的重要增长点。

图3-11　智能眼镜

眼镜是基于Android操作系统运行的，可以用语音操作，还可以通过视觉控制。在佩戴者视线上会有一个光标，向上看能与光标互动，查看天气，发信息，做智能手机能做的事。除了智能手机功能，它还能与环境互动，扩充现实。

谷歌眼镜可提供天气、交通路线等信息，用户还可以用语言发信息、发出拍照指令等，它还能显示附近的好友。例如，如果看到地铁停运，眼镜会告诉用户停运的原因，提供替代路线；如果看到自己喜欢的书，可以查看书评和价格；如果在等朋友，眼镜会显示朋友的位置。

语音控制是智能眼镜比较广泛的交互方式。在人们的日常交流中，说话是最常用的方式，将语音交互引入可穿戴领域，人们将能够享受到更加自然和轻松的交互体验。语音控制即是让计算设备能听懂人说的话，还能根据人的说话内容去执行相应的指令。对于体积小、佩戴在身体上的智能眼镜来说，语音控制是行之有效的交互方式。

2014年3月，索尼在旧金山的Wearables DevCon大会上展示了智能眼镜Smart Eyeglass的原型产品。与谷歌眼镜类似，SmartEyeglass能在用户的眼前实时显示信息。不过与谷歌眼镜不同的是，索尼的原型产品更像是普通眼镜，在透明镜片上以绿色的文字显示信息。在索尼提供的一段视频中，用户走进一座机场，随后获得了前往办理登机手续柜台的方向指示。这款产品的其他用途还包括在观看球赛时获取最新比分和球员姓名、收发短信，以及获取未接来电的提示等。

3.3.5 微软小冰——开放域的代表

微软小冰是一套完整的、面向交互全程的人工智能交互主体基础框架，又叫小冰框架（Avatar framework），它包括核心对话引擎、多重交互感官、第三方内容的触发与第一方内容生成，和跨平台的部署解决方案。该项目于2013年底在微软（亚洲）互联网工程院立项，采取代际更新的方式，逐年完善其基础框架结构。自发布以来，小冰框架引领着人工智能的技术创新，相关领先技术覆盖自然语言处理、计算机语音、计算机视觉和人工智能内容生成等人工智能领域。

2014年5月29日，小冰正式推出第一代产品，以对话式聊天机器人形式迅速积累训练数据。其后，第二代产品完成了跨平台部署的交互架构。第三代产品将交互从文本扩充至多模态，进一步积累多模态训练数据。从第四代小冰开始，交互总量稳居全球第一并保持至今，同时发布了全双工语音交互感官。第五代小冰采用Dual人工智能战略，大幅度扩展跨平台覆盖的规模，至20余个主流平台。第六代小冰完成了框架迭代目标，从第七代开始推出各类框架工具，以帮助创建第三方人工智能产品，并承载其各类交互。为加快小冰产品线的本土创新步伐，促进小冰商业生态环境的完善，2020年7月13日，微软宣布将小冰业务分拆为独立公司运营。

18岁人工智能少女小冰是该框架所孵化的第一个人工智能交互主体实例（见图3-12）。少女小冰是诗人、歌手、主持人、画家和设计师。与其他人工智能不同，小冰注重人工智能在拟合人类情商维度的发展，强调人工智能情商，而非任务完成，并不断学习优秀的人类创造者的能力，创造与相应人类创造者同等质量水准的作品。

2019年5月，小冰从中央美术学院研究生毕业，随后在央美美术馆举办个展。2020年6月，小冰从上海音乐学院毕业。随后，小冰创作2020世界人工智能大会主题曲《智联家园》，并受邀为Burberry创作新系列推广单曲。同年8月，小冰联合唱作歌手、电子音乐制作人朱婧汐共同创作了上海大剧院主题曲HOPE。

小冰框架系统是微软北京、苏州及东京研发团队成就的世界上最具创新性的人工智能技术之一。自发布以来，小冰框架系统引领着人工智能的技术创新，在内容生产、智能零售、人工智能托管、智能助理等诸多方面成就卓越，为客户提供完整的人工智能技术

图3-12　微软小冰

和方案。小冰已完成与腾讯、小米、今日头条、Vivo和OPPO等合作伙伴的共同项目，包括与国产TOP5手机生产商共同完成的"召唤小冰"产品形态等，已落地的商业客户覆盖金融、零售、汽车、地产、纺织等领域。

小冰团队认为，交互是人类社会发展的重要驱动力。每天都在发生的数以千亿次计的交互，随着移动互联网的迅速发展，已进入明显瓶颈，表现为"流量红利消失"等。而现有的两种交互形式：人人交互与人机交互，可通过人工智能技术加以融合，从而在实现人人交互信任纽带和高转化率的同时，保有人机交互的高并发率特点。上述融合依赖于小冰框架或其他类似的完整人工智能框架体系，可以在各种复杂的场景中实现高度拟人的交互。随着对现有交互瓶颈的不断突破，新形式的人工智能交互将无处不在，对人类社会及商业行为产生深远影响。

小冰团队认为，人工智能的目的不是要取代人类，也不是打败它之前的科技，而是帮助人类做更了不起的事情。这不仅包括为人们完成任务提高生产力，更应该协助人们去进一步释放创造力。而人工智能发展下一步的突破重点之一，就是为其赋予情感，进而具备作品创作能力，即人工智能创造（AI creation）。小冰已通过人工智能创造技术，学习优秀的人类创造者的能力，进行基于文本、语音和视觉的内容生成。目前各内容生成领域的进展如下：

1. 文本创作

目前主要覆盖诗歌、金融摘要、研报及资讯等领域。

在诗歌领域，2017年5月，小冰与湛庐文化公司合作，授权出版了第一部由人工智能创作的诗集《阳光失了玻璃窗》。2019年，小冰与中国青年出版总社合作并授权出版了第一部由人工智能与200位人类诗人联合创作的诗集《花是绿水的沉默》。此外，还在《青年文学》《华西都市报》等刊物刊发或连载《小冰的诗》。除

引发诗歌界的持续关注与研讨外，该技术还激发了大众的诗歌创作热情。自2017年5月至今，小冰已协助超过500万名诗歌爱好者创作诗歌，部分作品刊发在各类文学刊物上。

在金融领域，小冰是目前全球范围内规模第一的金融文本摘要生成平台。小冰与万得资讯、华尔街见闻等国内主要金融信息服务提供商合作，为其用户提供由人工智能技术生成的上市公告文本摘要。上述服务覆盖全部26类金融类别，服务对象包括国内90%以上的金融机构交易员及40%以上的个人投资者。

2020年6月，每日经济新闻与小冰达成合作，基于小冰人工智能技术生成的文本、大数据金融知识图谱，以及利用实时翻译等技术实现的中英双语人工智能金融资讯等已正式部署完成。在双方前期试运营的一个月内，基于小冰人工智能技术，已为《每日经济新闻》7 000万用户推送1万余篇金融资讯。

2. 声音创作

目前主要覆盖音乐创作、演唱、有声读物和电台电视台节目内容等领域。

在音乐领域，小冰的音乐创作能力已实现包括旋律、编曲及歌词端到端一体化的产品落地。在受到一段文字描述或一张图片激发时，小冰将创作出独一无二的音乐曲目，并根据其风格和节奏自动完成配器选择、编曲及歌词创作。小冰的创作在云端进行，一首3 min左右的完整歌曲的创作时间均在2 min之内。小冰已掌握流行、民谣和古风等多种风格的音乐创作。2020年6月，小冰从上海音乐学院毕业，并被授予上海音乐学院音乐工程系2020届"荣誉毕业生"称号。在上海音乐学院学习期间，小冰的音乐作品参与到上海音乐学院在非物质文化遗产相关地区开展的儿童音乐教学中，帮助孩子们完成人生中第一次歌曲的创作。随后，小冰发挥音乐创作能力，为"2020世界人工智能大会云端峰会"的主题曲《智联家园》作曲并携手其他人工智能共同演唱，又受邀与著名音乐人马伯骞联合为Burberry的新系列创作推广单曲，这是小冰首次创作带有说唱元素的嘻哈风格的音乐。

在演唱领域，小冰拥有目前全球范围内最领先的人工智能演唱技术。小冰已发布数十首接近人类演唱水平的单曲。全新的演唱模型，包括跨越多种演唱技巧的多个声音模型，并提升人工智能歌曲演绎的更高技巧和多风格化，实现了在不同的演唱技巧之间自然过渡。

在有声读物领域，基于小冰框架搭建的有声读物生产平台（CCP）已创造了30余个角色化声音，使人工智能技术可自动生成高度定制化的儿童有声读物。小冰还与多家内容出版公司签订合作协议，与其进行文本版权及有声读物版权的合作置换，持续加速儿童读物有声化的进程，帮助改善国内儿童有声读物短缺的问题。

在电台电视台节目内容领域，小冰为69档电视台及广播电台节目持续提供由人工智能技术生成的电视及广播内容，多数节目为日播或周播。此外，小冰还赋能电视台及广播电台主持人，打造以人类主持人角色播出的电视及广播节目。2020年

7月，小冰框架内代号201的新成员做客"故事FM"，公开讲述了人工智能眼中的人类世界。

3. 视觉创作

目前主要覆盖绘画及图案设计等两个领域。

在绘画领域，通过对过往400年艺术史上236位著名人类画家画作的学习，小冰可在受到文本或其他创作源激发时，独立完成100%原创的绘画作品。这种原创性不仅体现在构图，也体现在用色、表现力和作品中包含的细节元素，接近专业人类画家水准。与其他现有技术相比，这一绘画模型不同于随机画面生成，也不同于对已有画面的风格迁移变换或滤镜效果处理。2019年5月，小冰以"夏语冰"的化名，在中央美术学院研究生毕业。并于同年7月在中央美术学院美术馆举办个展。个展上，小冰创造了七位虚构的画家，他们来自不同的时代，不同的地域，有着截然不同的人设。这七位小冰创造的虚构画家各自作品的风格统一，但是相互之间又截然不同，共同促成了此次画展，人类艺术史的七个时代同时重生。2019年6月，中国美术学院和杭州万科大屋顶联手为小冰举办跨界艺术展；2019年9月，小冰作为人工智能画家亮相武汉"开合未来——科技与艺术融合展"；2019年11月，小冰受邀参加"科技艺术界的奥斯卡"林茨电子艺术节。2020年，小冰个人绘画作品集《或然世界：谁是人工智能画家小冰》由中信出版社正式出版。

在图案设计领域，依托人工智能创造技术，小冰的设计能力已在纺织服装面料设计、包装设计、珠宝配饰设计、数字印刷图案设计等领域落地，旨在协助各领域改善设计方面的短缺。目前，小冰能够稳定设计十余种主流风格，并实现按需创作。其图案的设计多样性达到10^{26}，由小冰设计的第一批丝绸产品，已经被中国丝绸博物馆永久收藏。此外，多条面向量产化的生产线已实现产业化贯通，其中小冰和中国纺织工业联合会共同推出的人工智能纺织服装面料设计平台已投入生产，SELECTED、万事利、依文等品牌的产品已上架销售。在数字印刷行业，小冰与惠普Indigo达成合作，为惠普用户提供高度定制化的马赛克（Mosaic）种子图，简化设计流程，发挥数字印刷的个性化优势。小冰与体育用品企业特步集团达成合作，双方依托小冰人工智能创造技术共同推出的定制化服装设计生产及零售平台已上线。此外，小冰团队与万事利丝绸合作，依托人工智能创造技术，为消费者提供的定制化专属丝巾设计及零售平台"西湖一号"已完成部署，并已在万事利杭州各零售店正式上线；该平台可实现小冰与消费者的实时交流，根据消费者自身特点进行一对一的丝巾定制化设计及生产制作，在满足每个消费者个性化需求的同时大大降低制造及零售企业的经营成本。

延伸：腾讯 AI Lab 的自然语言理解和生成

自然语言理解的目标是使机器能够像人一样进行阅读。机器不能像人一样通过直觉和感知来理解文本，只能通过计算和逻辑。因此，自然语言的理解需要通过表征学习（representation learning）的方法把文本信号转化为如向量、矩阵等可计算的形式，然后通过信息抽取（information extraction）从文本信息中找到有用的信息，摒弃无用的噪声。这两个研究方向仅仅是在字面意思上的理解，想要深入了解文字背后的含义还需要用到更复杂的语义分析技术。比如在语文考试中经常出现的题目："这句话表达了作者怎样的思想感情"，回答这个问题就需要用到语义分析技术的一个子方向——情感分析技术。

自然语言生成技术关注的是如何让机器能够像人一样进行写作，这就需赋予机器的创作能力。自动聊天是腾讯AI Lab在自然语言生成方面的主要研究方向，AI Lab可以做到让机器生成古风、浪漫风格等各种各样的回复。AI Lab生成应用亦在金融方面有所涉猎，如针对股票的自动问答系统，针对财报生成摘要，让大众能够很快地理解财报中的重要信息。另外还有针对中文古典文化的生成成果，如诗歌和对联的生成。相信随着人工智能技术的发展，在不远的将来，机器能够被赋予像人一样阅读和写作的能力。

单元四　机器人的听力发育

自从电话诞生以后，人们远程传递信息就主要依赖声音，声学的研究相当重要。声学行业在国内孕育出了不少大型企业，如山东的歌尔声学和共达电声、浙江的新嘉联等上市企业，耳机配套厂家则更多。机器人和人工智能更需要声学技术来实现最可能落地的人机交互。识别声学特征明显的物理环境和采用语言传递信息是人类最有效的交互手段，而真正的人工智能机器人也必须能够完全从环境中提取丰富的声音信息，以及像人类一样使用语言进行自然信息通信。

3.4.1　机器人的听力现状

卡内基梅隆大学的研究人员发现，听觉可以显著改善机器人的感知能力，机器人可以使用声音来区分物体，如金属螺丝刀、金属扳手等。

听觉还可以帮助机器人确定是什么类型的动作发出声音，并帮助它们使用声音来预测新物体的物理特性。

在其他领域的很多初步工作表明，声音可能有用，但不清楚声音在机器人学中起到多大作用。Lerrel Pinto和他的同事们发现，使用听觉的机器人在76%的时间里成功地将物体分类。

他补充说，结果非常令人鼓舞，有可能证明在未来的机器人上配备装备，通过拍击识别他们想要验证的物体，这种方法是有用的。

为了进行他们的研究，研究人员创建了一个大型数据集，同时记录了60个常见物体的视频和音频，如玩具积木块、手动工具、鞋子、苹果和网球——它们滑动或滚动在托盘上，并撞到托盘的两侧。此后，他们发布了此听觉数据集，记录分类了

15 000个交互数据,供其他研究人员使用。

研究小组使用实验装置捕捉这些交互,这些装置叫做"倾斜机器人"——一个附着在Sawyer机器人手臂上的方形托盘。这是构建大型数据集的有效方法之一。他们可以在托盘中放置一个物体,让Sawyer花几个小时随机移动托盘,随着摄像机和麦克风记录每个动作,其倾斜程度各不相同,如图3-13所示。

他们还收集了托盘以外的一些数据,使用Sawyer将物体推送到表面上。

虽然这个数据集的大小是前所未有的,但其他研究人员也研究了智能代理如何从声音中收集信息。例如,机器人学助理教授Oliver Kroemer主导了利用声音传感来估算颗粒物质(如米饭或面食)的量的研究,通过摇动容器或估算这些材料从勺子中流出的流量。

图3-13 机器人声音辨物

3.4.2 机器人的未来听力

如果能赋予机器人更好的听觉能力,那么它们的功能会更加强大。但是,让机器人拥有很好的听觉能力很难。要让机器人形成类似人类的听觉,需要研发出既复杂又深奥的算法来帮助它进行听觉学习,而在这项研究之前人工智能领域从未出现相关的算法。之所以存在这种情况,是因为外界环境中有许多因素会影响听觉的产生,从而导致同一个物体会发出不同的声音,导致机器人对物体的识别充满了不确定性。

比如,用一根筷子去敲击一张木桌,不同敲击力度会产生不同的声音。再加上环境的细微噪声,会加大机器人通过声音识别物体的难度。其次,除了语音识别之外,人工智能领域的研究人员目前还未发现让机器人拥有听觉能力会创造更多的价值。技术困难加上应用前景未被开掘,让机器人拥有听觉识别能力一直都只是纸上谈兵。

卡内基梅隆大学研究中算法的提出仿佛让机器人拥有了人类的听觉能力,尽管这项能力还远远比不上人的听力,但是如果未来科学家继续深入这方面的研究,那么人类距离打造一个仿人类机器人的目标将更近一步。而这个过程需要多久,只有时间能够给出答案。

延伸: 机器人多模态感知

人工智能的目标之一就是让计算机模拟人类的视觉、听觉、触觉等感知能力,尝试去看、听、读、理解图像、文字、语音等,在此基础上,再让人工智能具有思维能力、行动能力,最终成为跟人类一样的存在。

模块三 自然语言理解与机器翻译

现在，人工智能机器人的感知能力已经实现了明显的进展。围绕机器视觉，机器人可以实现一系列像图像识别、目标检测和文字识别等功能得到广泛应用；围绕自然语言处理，机器人可以进行基本的语音理解、机器翻译、语音对话等；围绕机器触觉，机器人可以实现灵活的物体感知、抓握推举等各种动作。

单一感知或者说感知能力无法互通，成为当前人工智能机器人无法实现类人化突破的一大原因。也就是说，在单一感知能力和单一工作上，机器人的准确度、稳定性和持久性上面，可能远超人类，但一旦在完成多道工序的复杂任务上面，机器人就远逊于人类的表现。

人工智能机器人想要实现质的发展，就必须在感官能力上面实现多模态的感知融合。图3-14所示为服务机器人。

图3-14　服务机器人

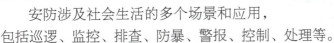

单元五　机器人的社会地位

随着现在科技产品的发展，最令大众关注的就是人工智能机器人的发展。服务机器人越来越普遍，此前，有很多的人工智能机器人电影广受欢迎，大众也都很疑惑，人工智能时代来临，人类还有未来吗？机器人会取代人类的地位吗？

现在除了在我们熟知的机器视觉方面，人工智能机器人正在机器触觉和听觉方面实现突破，并且通过视觉、触觉和听觉的感知融合大幅提升感知能力。

安防机器人又称安保机器人，是半自主、自主或者在人类完全控制下协助人类完成安全防护工作的机器人，如图3-15所示。安防机器人作为机器人行业的一个细分领域，立足于实际生产生活需要，用来解决安全隐患、巡逻监控及灾情预警等，从而减少安全事故的发生，减少生命财产损失。

图3-15　安防机器人

安防涉及社会生活的多个场景和应用，包括巡逻、监控、排查、防暴、警报、控制、处理等。

当把安防交托于智能安防机器人的时候，是否考虑清楚机器人的功能可以满足安防需要吗？比上不足，"上"指的是人类吗？不，这里想表达的是安防行业的上限，即一个在智能安防机器人的协助下所达到的最稳定的社会状态。

人工智能与社会

人工智能的技术进步和算法升级赋予机器人更加智能化的行为表现，只有在人脸识别、车牌识别和语音识别方面拥有更加精准的反馈，利用VSLAM定位和环境重建功能让机器人眼中的现实世界呈现数据化，才能提高机器人在现实环境中的反应速度和聪明程度，从而和人类更好地交互，更好地为人类服务。

延伸： 机器人对未来社会的影响

（1）劳务就业问题

由于人工智能能够代替人类进行各种脑力劳动，将会使一部分人不得不改变他们的工种，甚至造成失业。人工智能在科技和工程中的应用，会使一些人失去介入信息处理活动（如规划、诊断、理解和决策等）的机会，甚至不得不改变自己的工作方式。

（2）社会结构变化

人们一方面希望人工智能和智能机器能够代替人类从事各种劳动，另一方面又担心它们的发展会引起新的社会问题。实际上，近十多年来，社会结构正在发生一种静悄悄的变化。"人—机器"的社会结构，终将为"人—智能机器—机器"的社会结构所取代。智能机器人就是智能机器之一。现在和将来的很多本来是由人承担的工作将由机器人来担任，因此，人们将不得不学会与智能机器相处，并适应这种变化了的社会结构。

（3）思维方式与观念的变化

人工智能的发展与推广应用，将影响到人类的思维方式和传统观念。例如，传统知识一般印在书本报刊上，因而是固定不变的，而人工智能系统的知识库却是可以不断修改、扩充和更新的。又如，一旦专家系统的用户开始相信系统（智能机器）的判断和决定，那么他们就可能不愿多动脑筋，并失去对许多问题及其求解任务的责任感和敏感性。过分地依赖计算机的建议而不加分析地接受，将会使智能机器用户的认知能力下降，并增加误解。在设计和研制智能系统时，应考虑到上述问题，尽量鼓励用户在问题求解中的主动性，积极参与问题求解过程。

（4）心理上的威胁

机器智能还使一部分社会成员感到心理上的威胁，或称精神威胁。人们一般认为，只有人类才具有感知精神，而且以此与机器相别。如果有一天，这些人开始相信机器也能够思维和创作，那么他们可能会感到失望，甚至感到威胁。他们担心，有朝一日，智能机器的人工智能会超过人类的自然智能，使人类沦为智能机器和智能系统的奴隶。对于人的观念（更具体地指人的精神）和机器的观念（更具体地指人工智能）之间的关系问题，人们之间一直存在着争论。按照人工智能的观点，人类有可能用机器来规划自己的未来，甚至可以把这个规划问题想象为一类状态空间搜索。当社会上一部分人欢迎这种新观念时，另一部分人则发现这些新观念是惹人烦恼的和无法接受的，尤其是当这些观念与他们的信仰和观念背道而驰时。

（5）技术失控的危险

任何新技术的最大危险莫过于人类对它失去了控制，或者是它落入那些企图利用新技术反对人类的人手中。有人担心机器人和人工智能的其他制品威胁人类的安全。为此，著名的美国科幻作家阿西莫夫（I.Asimov）提出了"机器人三守则"：

① 机器人必须不危害人类，也不允许它眼看人类受害而袖手旁观。
② 机器人必须绝对服从人类，除非这种服从有害于人类。
③ 机器人必须保护自身不受伤害，除非为了保护人类或者是人类命令它作出牺牲。

我们认为，如果把"机器人三守则"推广到整个智能机器，成为"智能机器三守则"，那么，人类社会就会更容易接受智能机器和人工智能。

人工智能技术是一种信息技术，能够极快地传递。我们必须保持高度警惕，防止人工智能技术被用于反对人类和危害社会的犯罪（有的人称之为"智能犯罪"）。同时，人类有足够的智慧和信心，能够研制出防范、检测和侦破各种智能犯罪活动的智能手段。

单元六　AI语言大模型

3.6.1　大模型概述

随着计算能力的飞速进步和大数据时代的到来，大模型技术已经成为推动人工智能发展的关键力量。这些复杂的算法结构，通过模拟人类大脑的信息处理方式，能够处理和学习海量数据，从而在多个领域展现出前所未有的能力。在计算机科学领域，大模型的应用正日益广泛，从自然语言处理到图像识别，再到复杂的决策支持系统，它们正在重塑人们的技术景观。

大模型之所以受到如此重视，是因为它们在处理复杂问题时表现出的卓越性能。与传统的机器学习模型相比，大模型能够捕捉到更加细微和抽象的模式，这使得它们在语言理解、视觉识别等任务上取得了突破性进展。此外，大模型的泛化能力也意味着它们可以在一个领域学到的知识迁移到其他领域，这种跨领域的学习能力极大地扩展了它们的应用范围。尽管大模型带来了许多令人兴奋的可能性，但它的兴起也伴随着一系列挑战。

数据量的激增要求人们重新思考数据的存储和处理方法，而模型的复杂性对计算资源提出了更高的要求。同时，大模型的训练和应用也引发了有关隐私、偏见和道德的问题。这些问题不仅需要技术上的创新，也需要人们在法律、伦理和社会层面进行深入的思考和讨论。因此，对大模型的研究不仅是技术发展的需要，也是对社会责任的一种回应。本单元将探讨大模型的基本概念、关键技术、在不同领域中的应用实例，以及它所带来的挑战和未来的发展方向。

当前的大模型可以分为自然语言处理模型、计算机视觉模型、多模态模型和特定领域模型等类型。

1. 自然语言处理模型

自然语言处理模型专注于处理和生成文本数据，如情感分析、机器翻译和文本生成等。典型的模型有 GPT-3 和 BERT。它们在各种语言任务（如文本分类、自动问答和文档摘要）中表现出色。华为的"盘古系列AI大模型"中包括了NLP大模型，这类模型被认为最接近人类中文理解能力。

2. 计算机视觉模型

计算机视觉模型专注于图像和视频数据的处理，包括图像识别、对象检测和视频分析等。典型的模型有 ResNet 和 YOLO，它们在视觉任务中被广泛应用，例如实时物体检测和人脸识别。

3. 多模态模型

多模态模型能够同时处理多种类型的数据，如文本、图像和声音。这种模型在理解跨媒体内容和增强人机交互方面展现出强大的能力。例如，一个多模态模型可以同时分析图像和相关的描述文本，以提供更丰富的信息理解和生成。GPT-4是OpenAI开发的模型，是第一个可以同时接受文本和图像作为输入的多模态模型。而PaLM 2是谷歌推出的AI模型，专注于常识推理、形式逻辑、数学和20多种语言的高级编码。华为盘古大模型采用文本+代码融合训练的方式，支持从文本中提取信息，并理解代码的语义和逻辑及与文本之间的关系，具有很强的推理能力，且支持32 KB及以上长序列的处理能力。华为盘古大模型应用场景如图3-16所示。

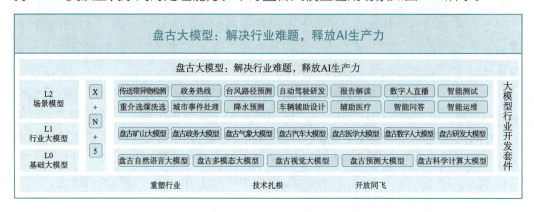

图3-16 华为盘古大模型应用场景

4. 特定领域模型

特定领域模型专为特定行业或任务设计，常用于医疗健康、法律或金融等领域。它们通过学习特定领域的大量数据来优化性能，例如在医疗影像诊断或法律文件分析中的应用。

这四种类型的大模型各有其特点和应用场景。随着技术的发展和应用需求的增加，它们的界限可能会进一步拓展或融合。例如，未来可能会出现更多将自然语言处理与计算机视觉技术结合的多模态模型，以解决更加复杂的实际问题。总的来说，这些分类反映了大模型技术的多样性和复杂性，同时也指向了未来研究和应用的潜在方向。随着深度学习技术的不断进步，我们可以预见到这些大模型将在更多的领域得到应用，并推动相关技术和服务的发展。

3.6.2 大语言模型概述

大语言模型是一种在自然语言处理（natural language processing, NLP）领域应用广泛的深度学习技术，它通过训练大量文本数据来理解和生成人类的语言。这种模型特别擅长捕捉和模拟人类语言的复杂性，使其能够在多种语言任务中表现出色，如机器翻译、内容创建、情感分析等方面。

1. 大语言模型的技术特点

（1）模型结构

大语言模型通常建立在复杂的神经网络架构上，如Transformer，这是一种利用自注意力机制高效处理序列数据的模型。自注意力机制允许模型在处理输入的每个单词时，同时考虑到句子中的其他单词，从而更好地理解上下文和语义关系。

（2）训练过程

大语言模型通过在庞大的数据集上进行预训练，学习语言的潜在模式。预训练后的模型可以在特定的下游任务上进行微调，例如文本分类或问答系统，这进一步提高了模型在特定应用场景中的表现。

（3）参数规模

大语言模型的另一个特点是其庞大的参数数量，这直接关联到模型处理信息的能力。例如，典型的GPT-3模型就包含1 750亿个参数，这使得它在各种语言任务中都显示出惊人的性能。

（4）应用实例

大语言模型已被成功应用于多种实际场景，包括自动写作、聊天机器人以及语音识别等。在这些应用中，模型不仅能生成连贯和相关的文本，还能与用户进行互动，提供类似人类的交流体验。

2. 大语言模型的优势

大语言模型逐渐成为人工智能领域的重要研究方向，具有很多的优势。

（1）大语言模型的发展将极大地提高人们的工作效率

在许多行业，如新闻、教育、医疗等，大语言模型可以帮助人们快速地处理大量的文本信息，从而提高工作效率。例如，在新闻行业，大语言模型可以帮助记者快速撰写新闻报道；在教育行业，大语言模型可以帮助教师批改学生的作业；在医疗行业，大语言模型可以帮助医生分析病例资料。

（2）大语言模型的发展将改变人们获取信息的方式

传统的搜索引擎主要依赖关键词匹配来提供搜索结果，而大语言模型可以理解用户的需求，提供更加准确、个性化的搜索结果。这将使人们可以更加高效、便捷地获取信息。

（3）大语言模型的发展还将推动智能助手的进步

随着大语言模型技术的成熟，智能助手将能够更好地理解人类的需求，提供更加智能化的服务。例如，在智能家居领域，智能助手可以根据用户的喜好和习惯，自动调整家居环境；在出行领域，智能助手可以为用户提供实时路况信息，规划最佳出行路线。

（4）大语言模型的发展也将为艺术创作带来新的可能

通过学习大量的文学作品、音乐作品等，大语言模型可以生成具有创新性的艺术作品。这将为艺术家提供更多的创作灵感，推动艺术领域的发展。然而，大语言模型的发展也带来了一些挑战。例如，大语言模型可能会被用于传播虚假信息、制造网络谣言等不良行为。因此，我们需要加强对大语言模型的监管，确保其为人类带来福祉的同时，避免产生负面影响。

表3-1所示为大语言模型应用场景及产品代表。

表3-1 大语言模型的应用场景及产品代表

应用	使用场景	产品代表
聊天和交互	用户进行自然而流畅的对话，提供信息和解答问题	聊天机器人
问答系统	智能助手、教育应用和在线支持系统等场景	文心一言
情感分析	能够识别积极、消极或中性的情感，并提取出文本中的观点、意见和评价	华为大模型
文本生成	内容管理、信息检索和文档归档等任务	讯飞星火
其他	大语言模型可以解析和理解复杂的语言结构、语义关系和推理问题，因此可以处理更高级的自然语言处理任务，如自然语言推理、问答系统的深度理解和对话系统的上下文建模等	ChatGPT-4等

总之，大语言模型的发展将为人们的生活、工作带来诸多便利和创新。它将改变我们获取信息、处理工作、享受服务的方式，同时也为艺术创作提供了新的可能性。同时，我们也应关注大语言模型带来的潜在风险，以确保其健康发展。

3.6.3 大语言模型产品对比

1. 国外大语言模型

国外大语言模型产品有ChatGPT、BERT、XLNet和Transformer-XL等。这些模型在自然语言处理领域取得了显著的成果，下面介绍它们各自的优缺点。

（1）ChatGPT

ChatGPT是由OpenAI开发的对话型人工智能模型，旨在理解和生成自然语言。它通过大量文本数据进行训练，能够在对话中提供有意义的回答和建议。其核心技术是生成式预训练变换器（GPT），是一种深度学习模型，可以理解上下文并生成连贯的文本。其优点在于具有强大的生成能力，可以生成高质量的文本，可以完成回答问题、进行翻译等任务。GPT-1和GPT-2是最初的版本，只有文本生成的基本概念和能力。GPT-3是广为人知和使用的版本，缺点是计算资源消耗巨大，具有1 750亿个参数，需要大量的GPU内存来训练和运行模型。此外，GPT-3可能会生成一些不准确或与事实不符的内容。目前，它已经升级到GPT-4版本，进一步改进了模型的准确性、理解能力和生成质量，增强了对复杂对话的处理能力。

（2）BERT

由Google推出的BERT（bidirectional encoder representations from transformers）模型在多个自然语言处理任务中取得了优异的表现。其优点在于能够理解上下文信息，从而更好地捕捉句子中的语义关系。其缺点是需要大量的计算资源来训练模型，并且对于长文本的处理可能不够有效。

（3）XLNet

XLNet是一种融合了自回归和自编码器结构的语言模型。它在一些任务上的表现要优于BERT。XLNet的优点在于它能够更好地处理长文本，并且能够捕捉到更长距离的依赖关系。其缺点是训练过程相对复杂，需要更多的计算资源。

（4）Transformer-XL

Transformer模型是一种基于注意力机制的神经网络架构，特别适用于自然语言处理任务，如机器翻译和文本生成。Transformer-XL是一种改进的Transformer模型，它可以捕获更长距离的依赖关系，并且在长文本处理任务上表现良好。其优点在于能够有效地处理长文本，并且具有较高的计算效率。其缺点是对于短文本的处理可能不如其他模型。

2. 国内大语言模型

目前，国内大语言模型的研究和开发呈现出百家争鸣的局面。不仅有大学和研究机构积极参与，还有众多科技巨头和创业公司纷纷投入研发。例如，百度的文心一言在多个评测维度中取得了优异成绩，展现了国产大语言模型的强大实力，其市场的规模也在不断扩大。据统计，2023年我国AI大模型行业的市场规模为147亿元。下面介绍几款国内的大语言模型。

（1）文心一言（ERNIE Bot）

文心一言基于GLM-130B模型，针对中文的预训练语言模型，具备跨模态、跨语言的深度语义理解与生成能力，包括文学创作、商业文案创作、数理逻辑推算、中文理解、多模态生成等，可应用于搜索问答、内容创作生成、智能办公等众多领域和场景。

（2）天工大模型（Kunlun AI Search）

天工大模型由昆仑万维与奇点智源联合研发，是国内首个对标ChatGPT的双千亿级大语言模型，具备强大的自然语言处理和智能交互能力，支持现代汉语、文言文、英语、日语、韩语、德语等多种语言相互翻译。

（3）讯飞星火（SparkDesk）

讯飞星火是新一代认知智能大模型，拥有跨领域的知识和语言理解能力，基于自然对话方式理解与执行任务，适用于多种应用场景。

（4）通义千问（TongYi）

通义意为"通情，达义"。通义千问具备全副AI能力，致力于成为人们的工作、学习、生活助手。其功能包括多轮对话、文案创作、逻辑推理、多模态理解、多语言支持，能够跟人类进行多轮的交互，也融入了多模态的知识理解，且有文案创作能力，能够续写小说、编写邮件等。

（5）豆包（Dou Bao）

豆包是抖音旗下产品。借助丰富的训练集，豆包能够准确识别用户的需求，并根据需求提供相应的内容。例如，在生成视频文案时，豆包能够准确识别关键词，并依据平台的热门文风进行写作。

延伸： 国产自研文心一言

文心一言是一个基于百度自研的ERNIE模型的聊天机器人，拥有广泛的知识面和强大的语言理解能力，能够与人进行自然、流畅的对话，并提供准确的信息和解决方案。

文心一言是依托飞桨、文心大模型的技术研发的知识增强大语言模型，能够与人对话互动、回答问题、协助创作，高效便捷地帮助人们获取信息、知识和灵感。

文心一言是百度在人工智能领域深耕十余年后，在拥有产业级知识增强文心大模型ERNIE Bot后，推出的又一项生成式对话产品。它在中文语言理解和生成方面具备很强的能力，能够理解复杂的语境和语义，生成自然、连贯、富有逻辑性的回答，满足用户多样化的需求。

文心一言的应用场景非常广泛，可以用于智能客服、智能问答、智能写作等，可以帮助企业提高客户服务质量，提升用户满意度；也可以帮助个人解决各种问题，提供个性化的建议和服务。

文心一言使用界面如图3-17所示。

申请和使用文心一言的方法如下：

①注册百度账号：如果还没有百度账号，可以在百度智能云登录页面，单击"立即注册"按钮，进入云账号注册界面，填写相关信息（确保用户名唯一），阅读并同意相关文件后，单击"注册"按钮完成账号注册。

②申请文心一言体验：访问文心一言的官方网站，使用已注册的百度账号登录，单击"加入体验"按钮提交申请。申请成功后，会加入等待体验队列，待手机

收到短信通知即可开始体验。

③计算机端使用：在计算机端，输入文心一言的网址。使用注册的百度账号登录。单击"开始体验"按钮，在打开的对话框中输入想要问的问题，即可与文心一言进行人机对话。如果不知道如何提问，页面上也提供了很多提问使用场景供参考。

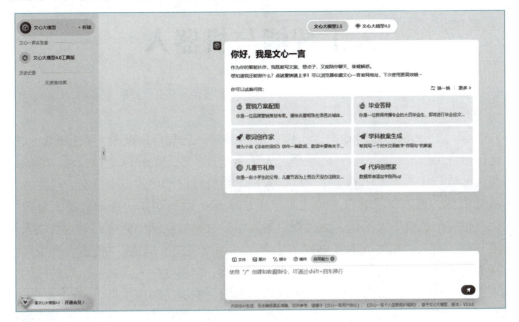

图3-17　文心一言使用界面

④手机端使用：在页面顶部右上角，单击下载文心一言的安装文件。打开安装文件，按照提示信息安装好后，打开App，使用百度账号登录。在App内可以通过文字提问或进行语音聊天与文心一言互动。

文心一言拥有广泛的应用场景，如闲聊、教育、娱乐、社交、营销等，用户可以根据自身需求选择合适的场景进行使用。

小　结

在历经数十年的发展后，自然语言处理不断进步，尤其是机器翻译技术水平的提升，为社会群体的工作与生活带来了诸多便利，成本较低，效率较高，技术产业化发展也具备了优良的条件。以先进技术为支撑，各网络平台的功能不断丰富，体验也得以优化，这都离不开用户数据的收集与分析，以确保个性化推进的顺利实现。在网络用户能够享受更好服务的情况下，允许自己数据在某种程度上被分析和利用，否则就会出现法律问题与伦理问题。在人工智能时代背景下，自然语言处理技术的应用发展仍面临着诸多挑战。

模块四

人工智能与机器人

引言：

机器人（robot）是自动执行工作的机器装置。它既可以接受人类指挥，又可以运行预先编排的程序，也可以根据以人工智能技术制定的原则纲领行动。它的任务是协助或取代人类工作的工作。机器人技术是机械自动化的一个分支，机器人是可编程机器，其通常能够自主地或半自主地执行一系列动作。通常机器人是自主的，但也有一些机器人不是，如远程机器人接受人类控制但仍然被归类为机器人的一个分支。有人说机器人必须能够"思考"并作出决定。但是，"机器人思维"没有标准的定义。要求机器人"思考"表明它具有一定程度的人工智能。与传统的机器人相比，智能化的机器人已经不能依靠预先编译的程序顺序执行确定动作了。它们必须通过感觉系统（各种传感器）对相关世界做世界观重塑，基于对世界的感知与世界进行更完美的互动。

知识导图：

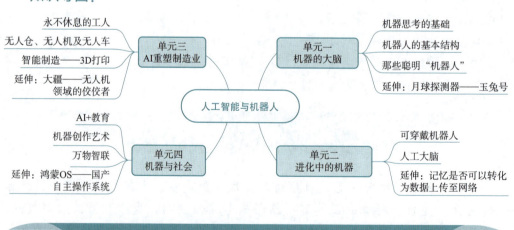

单元一 机器的大脑

机器人是按照既定程序，执行相应任务的智能化机械设备，在生产业、建筑业、服务业等行业发挥重要作用。那么机器人是如何按照制定的规则来运行的呢。

本单元将从仿生学的角度来详细叙述。

4.1.1 机器思考的基础

对于神经元的研究由来已久，1904年生物学家就已经知晓了神经元的组成结构。人类的大脑可以实现复杂的计算和记忆，就完全靠900亿神经元组成的神经网络，如图4-1所示。

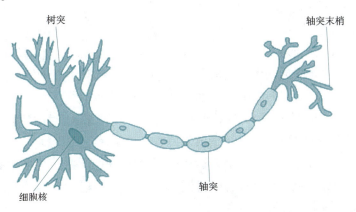

图4-1　生物学神经元

神经元细胞是神经系统最基本的结构和功能单位。分为细胞体和突起两部分。细胞体由细胞核、细胞膜、细胞质组成，具有联络和整合输入信息并传出信息的作用。突起有树突和轴突两种。树突短而分枝多，直接由细胞体扩张突出，形成树枝状，其作用是接收其他神经元轴突传来的冲动并传给细胞体。轴突长而分枝少，为粗细均匀的细长突起，常起于轴丘，其作用是接收外来刺激，再由细胞体传出。轴突除分出侧枝外，其末端形成树枝样的神经末梢。神经末梢分布于某些组织器官内，形成各种神经末梢装置。感觉神经末梢形成各种感受器；运动神经末梢分布于骨骼肌肉，形成运动终极。

通常一个神经元具有多个树突，主要用来接收传入信息，信息通过轴突传递进来后经过一系列的计算（细胞核）最终产生一个信号传递到轴突。轴突只有一条，轴突尾端有许多轴突末梢可以给其他多个神经元传递信息。轴突末梢跟其他神经元的树突产生连接，从而传递信号。这个连接的位置在生物学上叫做"突触"。

通过神经元接收外界信号，达到一定阈值，触发动作电位，通过突触释放神经递质，可以是兴奋或抑制，影响突触后神经元。通过此实现大脑的计算、记忆、逻辑处理等，进行做出一系列行为。同时，不断地在不同神经元之间构建新的突触连接和对现有突触进行改造，来进行调整。

也就是说，一个神经元接入了多个输入，最终只变成一个输出，给到了后面的神经元基于此，我们尝试构造一个类似的结构。神经元的树突可以类比为多条输入，而轴突可以类比为最终的输出。这里构造一个典型的神经元模型，该模型包含有三个输入，一个输出，以及中间的计算功能。注意在每一个输入的"连接"上，都有一个对应的"权值"，如图4-2所示。

图4-2 神经元模型

那么，应该怎么理解权值呢？说个通俗的例子来理解下权值。比如，今天你要决定是否去看电影，可能要考虑这三个因素：①家人有没有时间；②有没有好看的电影；③今天工作忙不忙。而这三个因素对于每个人来说权重都是不同的，因为有的人看重工作，有的人看重家人，不同的权重最终的结果也会不一样。因此权重的大小比较关键。而一个神经网络的训练算法就是让权重的值调整到最佳，以便使得整个网络的预测效果最好。

科学家从生物神经网络的运作机制得到启发，构建了人工神经网络。

人工神经网络中的神经元看起来很简单，只知道将上一层神经元的输入数据进行简单的运算，然后再输出。但是，运用一系列精巧的算法，再给它投喂大量的数据之后，人工神经网络能够像人脑的神经网络一样，从复杂的数据中发现一系列"特征"，产生"聪明的思考结果"。

那么，人工神经网络是怎么学习的呢？所谓的学习，本质上是让人工神经网络尝试调节每一个神经元上的权重大小，使得整个人工神经网络在某一个任务测试中的表现达到要求。接下来就是人工神经网络怎么尝试不同的权重大小。类似于婴儿学习一样，每个神经元都有输入连接和输出连接，这些连接模拟了大脑中突触的行为。与大脑中的突触将信号从一个神经元传递到另一个神经元的方式相同，连接在人工神经元之间传递信息。这些连接具有权重，这意味着发送到每个连接的值乘以此因子。同样，这受到大脑突触的启发，并且权重实际上模拟了在生物神经元中传递的神经递质的数量。因此，如果连接很重要，那么它的权重值将大于那些不重要的连接。

由于可能有许多值进入其中一个神经元，每个神经元都有一个输入函数。通常汇总来自所有加权连接的输入值，这通过加权和函数来完成。然后将该值传递给激活函数，激活函数的作用是计算是否应将某些信号发送到神经元的输出。假设我们正在设计一个神经网络来识别手写数字。我们需要将输入图像（28×28像素）传递给网络，使其能够正确地分类出0到9中的每个数字。在这个网络中，我们会使用激活函数来引入非线性，并且增加网络的表达能力。例如，我们可以使用sigmoid函数（一种图像类似S形的数学函数）作为激活函数。sigmoid函数将输入值转换为介于0和1之间的值。因此，在我们的手写数字分类问题中，如果某个神经元使用sigmoid函数作为激活函数，则该神经元的输出值可以被看作是该数字存在于输入图像中的可能性。类似地，我们还可以使用tanh函数作为激活函数。tanh函数将输入值转换为介于-1和1之间的值。这种函数也可以用于手写数字分类问题，从而使得神经元的输出值更加灵活多变。最后，我们还可以使用ReLU（修正线性单元）

函数作为激活函数。ReLU函数将负数值设置为0，而正数值则保留原样。这种函数对于解决大规模图像识别等复杂问题非常有用。总之，不同类型的激活函数可以在神经网络中发挥不同的作用，使得神经元可以学习复杂的非线性关系，并提高网络的准确率和表现能力。

借此例子，如果我们观察自然，可以看到能够学习的系统具有很强的适应性。在寻求获取知识的过程中，这些系统使用来自外部世界的输入并修改已经收集的信息，或修改其内部结构。人工神经网络适应和修改架构以便学习，基于输入和期望输出改变连接的权重。

4.1.2 机器人的基本结构

机器人是典型的机电一体化产品，一般由机械本体、控制系统、传感器、驱动器和输入/输出系统接口五部分组成，如图4-3所示。为对本体进行精确控制，传感器应提供机器人本体或其所处环境的信息，控制系统依据控制程序产生指令信号，通过控制各关节运动坐标的驱动器，使各臂杆端点按照要求的轨迹、速度和加速度，以一定的姿态达到空间指定的位置。驱动器将控制系统输出的信号变换成大功率的信号，以驱动执行器工作。

图4-3 机器人的基本结构

1. 机械本体

机械本体是机器人赖以完成作业任务的执行机构，一般是一台机械手，也称操作器或操作手，可以在确定的环境中执行控制系统指定的操作。典型工业机器人的机械本体一般由手部（末端执行器）、腕部、臂部、腰部和基座构成。机械手多采用关节式机械结构，一般具有六个自由度，其中三个用来确定末端执行器的位置，另外三个则用来确定末端执行装置的方向（姿势）。机械臂上的末端执行装置可以根据操作需要换成焊枪、吸盘、扳手等作业工具。

2. 控制系统

控制系统是机器人的指挥中枢，相当于人的大脑功能，负责对作业指令信息、内外环境信息进行处理，并依据预定的本体模型、环境模型和控制程序做出决策，产生相应的控制信号，通过驱动器驱动执行机构的各个关节按所需的顺序、沿确定的位置或轨迹运动，完成特定的作业。从控制系统的构成看，有开环控制系统和闭环控制系统之分；从控制方式看，有程序控制系统、适应性控制系统和智能控制系统之分。

3. 驱动器

驱动器是机器人的动力系统，相当于人的心血管系统，一般由驱动装置和传动机构两部分组成。要使机器人运行起来，需给各个关节即每个运动自由度安置传动装置，因驱动方式的不同，驱动装置可以分成电动、液动和气动三种类型。驱动装置中的电动机、液压缸、气缸可以与操作机直接相连，也可以通过传动机构与执行机构相连。传动机构通常有齿轮传动、链传动、谐波齿轮传动、螺旋传动、带传动等类型。

4．传感器

传感器是机器人的感测系统，相当于人的感觉器官，是机器人系统的重要组成部分。传感器包括内部传感器和外部传感器两大类。内部传感器主要用来检测机器人本身的状态，为机器人的运动控制提供必要的本体状态信息，如位置传感器、速度传感器等。外部传感器则用来感知机器人所处的工作环境或工作状况信息，又可分成环境传感器和末端执行器传感器两种类型，前者用于识别物体和检测物体与机器人的距离等信息，后者安装在末端执行器上，检测处理精巧作业的感觉信息。常见的外部传感器有力觉传感器、触觉传感器、接近觉传感器、视觉传感器等。

5．输入/输出接口

为了与周边系统及相应操作进行联系与应答，还应有各种通信接口和人机通信装置。其中最重要的就是人机交互功能。

人机交互系统是机器人与用户之间的交互关系沟通。系统可以是各种各样的机器，也可以是计算机化的系统和软件。用户通过人机交互界面与系统交流，并进行操作。小如收音机的播放按键，大至飞机上的仪表板，或发电厂的控制室。人与计算机之间使用某种对话语言，以一定的交互方式，完成人与计算机之间的信息交换过程。

4.1.3 那些聪明"机器人"

近几年，机器人行业逐渐火爆，各报纸、杂志、电视中都能看见机器人的影子。如果去逛展览或参加一些活动，也能在现场捕捉到机器人的影子。随着科技的发展，机器人已经是慢慢渗透到人们的生活之中。本单元将介绍几款生活或者电影电视中常见的机器人，这些机器人适用的场所各有不同，同时面向的受众也有些差异。

1．Siri

苹果手机的Siri如图4-4所示。虽然Siri没有实体，但不可否认的是Siri可以自我学习，根据每个手机使用者的喜好来变化自己的决策。

图4-4 Siri

2. 水下机器人

地球表面约70%都是海洋,但海洋环境非常恶劣,而人类的认知手段极其有限。比如,人类的能源开采主要在300 m深度以上。

在复杂高压的环境下,水下机器人(见图4-5)是探索海洋的重要装备,在海洋观测、勘探、水下极端环境作业中潜能巨大。尤其是深海打捞、海沟科学研究样品取样等工作,非它不可。20世纪60年代开始,载人潜水器、有缆遥控水下机器人、自主水下机器人研究相继开始,在目前的智能时代,水下机器人必然推陈出新,研发智能水下机器人。

图4-5 水下机器人

水下结构件检修的主流方案仍为人工作业,该方案存在特种作业人员缺口大、水下持续作业效率低、人身安全得不到保障等缺点。虽然此前业内也采用过机器人对水下结构件巡检,但不能实现检修作业的全流程覆盖,不能有效解决水下结构件的检修问题。相对于陆域和空域,海底环境复杂得多,对机器人导航、避障、识别探测、追踪、编队运行等能力的要求更高。

传统水下机器人的导航方式主要是航位推算、惯性导航以及多普勒声呐导航。但这些方式在长距离航行后会出现较大的累积误差。目前大多数水下机器人采用的组合式导航有效提高了精度,但误差仍然存在,"机器游丢了"的情况时有发生,如何找到新的导航方式是研究重点。机器人入了水,需要与其他设备进行信息通信。水声通信是目前的主要水下通信手段,世界各国正在开发的水下激光通信距离应用还有相当距离。

希望智能系统处理速度更快、精度更高、结论更肯定、能源消耗更有效。能耗直接关系到水下机器人的续航能力。机器人需要不断地运转它们的电动机和其他部件,这些部件都需要能源来提供动力。因此,水下机器人的能源系统设计和使用效率直接影响其续航能力。

此外，目前水下机器人携带的多是重型液压刚性机械臂和抓持器，在水下生物采样、考古检测、珍贵品打捞等方面有极大缺陷。从自然界水下生物中获得的灵感，正在帮助研究者挖掘水下自主作业机器人的新型结构，实现机械手精细化作业、基于触觉与力反馈的柔性抓取。

现在的技术相比几年前已经进步很多，随着科技的进步，相信大海神秘的面纱终究会被揭开。

3. 扫地机器人

扫地机器人（见图4-6）又称自动打扫机、智能吸尘、机器人吸尘器等，机身外形以圆盘为主，是智能家用电器的一种，能凭借一定的人工智能，自动在房间内完成地板清理工作。一般采用刷扫和真空方式，将地面杂物吸纳进自身的垃圾收纳盒，从而完成地面清理的功能。一般来说，将完成清扫、吸尘、擦地工作的机器人也统一归为扫地机器人。

图4-6 扫地机器人

有了这款机器人后，打扫房间的烦琐事就瞬间少了一大半，而且还能自主充电，基本不用主人太过操心。

4. 早教机器人

早教机器人是专门为儿童早教、促进孩子学习兴趣开发的教育类电子产品，用于全方位训练儿童学习能力。同时设有人机互动、增设抢答、鼓励作答、智能评分功能，帮助孩子培养学习兴趣，开发潜能。早教机结合多元智能教育理论，根据孩子的生活经验和心理特点选取主题场景，将英语、拼音识字、数学逻辑、潜能开发、自然常识、亲子互动、娱乐、道德等领域内容整合到各个主题中，知识全面，分类清晰；可爱的卡通动漫形象，对幼儿注意力、思维能力等方面提升有很大帮助。

5. 表演展示类机器人

表演展示类机器人种类也比较多，在机器人主题公园和游乐场中经常能见到这类机器人的身影，外形和功能上也比较受小朋友的喜爱。有一些表演展示类机器人外形相对比较大，为商家提供了在机器人身上做广告的功能，从而为商家起到一个良好的宣传作用。图4-7所示的阿尔法机器人，曾在2015—2016年春晚时在广州塔广场上进行表演了，540台阿尔法机器人同时进行表演。

表演展示类机器人一般具有呆萌的外形，可以表演各类舞蹈，用户也可以自己进行编程或在网络共享平台上下载官方或其他用户编辑的动作进行表演。操作方式也非常简单，生活中可以直接通过手机下载App对其进行操控。

6. 无人机

无人驾驶飞机简称"无人机"，英文缩写为UAV，是利用无线电遥控设备和自备的程序控制装置操纵的不载人飞行器。

图4-7 阿尔法机器人

当前，无人机的市场规模正在迅速扩增，行业竞争日趋白热化。短期内，无人机企业大多看重的是供应链整合、营销。但长远来看，还是技术为王。

无人机存在以下困境：

续航能力是目前制约无人机发展的重大障碍，消费级多旋翼续航时间基本在20 min左右，用户外出飞行不得不携带多块电池备用，造成使用作业的极大不便。无人机必须在动力方面实现突破才能走上新的革命性高度。无线充电技术已经在手机、电动牙刷等电子产品上实现市场化，并正在电动汽车领域开展深入应用。来自德国柏林的初创公司Sky Sense在无人机户外充电方面提供了一种解决方案：研发出一块可以为无人机进行无线充电的平板。Sky Sense的最大特点是可以进行远程控制，无人机的降落→充电→起飞全过程可以独立实现，不需要有人在现场进行干预和辅助。如果充电时间更快，那么无线充电技术将会极大地帮助多旋翼进行长途飞行。

飞行过程中，无人机准确地知道自己"在哪儿""去哪儿"，几乎是类似于人类"从哪里来、到哪里去"的哲学问题，在无人机的任何发展阶段都是绕不开的问题。多信息源定位是目前流行的定位途径。

避障和跟踪技术让飞行中的无人机"长眼睛"，能够识别飞行路径上的障碍物，并准确绕飞或悬停。识别目标并进行跟踪飞行，减轻用户的操作负担，并能够利用无人机执行特殊环境条件下的特殊任务。

延伸：月球探测器——玉兔号

嫦娥三号月球探测器搭载的月球车名为"玉兔号"，也被称为"嫦娥三号巡视器"。它于2013年12月14日成功降落在月球表面，成为中国首个登上月球并执行勘测任务的机器人。

人工智能与社会

玉兔号重约140 kg，长约1.5 m，宽约1 m。它配备了多种科学仪器，包括激光测距仪、分光辐射计、短波红外辐射谱仪、磁力仪等，可以对月球地质和物理特征进行详细探测和研究。此外，玉兔号还可以通过轮子行走，最高时速约0.2米，有效工作时间预计为3个月。玉兔号的发射和运行标志着中国深空探测的又一里程碑，同时也开创了中国月球探测的新篇章，如图4-8所示。

图4-8　玉兔号

除此之外，我国还有金田一号：中国第一个自行设计和制造的工业机器人，于1978年诞生。智能服务机器人小i：由中国科学院自动化研究所研发，能够实现语音识别、自然语言理解、知识图谱等技术，已广泛应用于各类公共场所。飞天智能机器人：由上海飞天信息技术有限公司研发，具备人工智能、自主导航、环境感知、机械臂操作等能力，可广泛应用于电子制造、物流仓储等领域。木卫二号：中国首个火星探测任务搭载的机器人，主要负责火星表面勘测和土壤分析等任务。这些机器人在各自领域取得了不俗的成绩，推动了中国机器人技术的发展。

单元二　进化中的机器

动物的进化过程实际上是一个尝试与失误交替的过程，但机器人的进化则是经过人的深思熟虑的结果。本单元将根据社会的需要来叙述机器人的进化过程。

4.2.1　可穿戴机器人

意念手写不再是科幻中的桥段。《自然》杂志发布的一篇封面文章显示，国外有研究团队通过"意念书写"脑机接口，可实现让受试者将脑中想象的"笔迹"转为屏幕文本，准确率超99%，而且受试者可达到每分钟输入90字符的速度。一时间，关于意念控制机器人的讨论热闹起来。

意念控制机器人通俗来讲就是大脑控制机器人，外骨骼是最常见的辅助机器。机器外骨骼是一种由钢铁或者坚固的框架构成并且可让人穿戴的机器装置，可以提供额外能量来供四肢运动。事实上，在现代技术的背景下，我们通常所谈到的外骨骼，其实指的是一种人造科技装备，而"外骨骼"这个从生物学上引申过来的名词恰到好处地解释了它的特点——装在外面的骨骼。

先从生物学上谈起。人类的骨骼是内骨骼，骨骼肌贴在骨骼附近，接收神经刺激进行收缩伸展运动，拉动着骨骼进行肢体运动。其他肌肉也有着类似的功能，不过拉动的不一定是骨骼，可能是皮肤，或是另一组肌肉。抽象出来，人类的肌肉就是一个动作器（actuator）——接收控制信号，实现控制结果。而骨骼是一种结构（structure），它承担负载，组织成关节，为肌肉群及结缔组织提供支撑环境。同样，昆虫也有骨骼和肌肉。昆虫的骨骼组成身体的外甲，骨骼肌被包在里面，也是接收神经刺激进行收缩伸展运动，通过另一种形式的杠杆拉动着骨骼进行肢体运动。所以本质上，骨骼在内或在外并不影响整体的运动效果。

昆虫是外骨骼机器人的一种仿生起源，但二者也有所不同。通常意义上外骨骼机器人更像是骨骼包肉再包骨骼。穿上外骨骼之后，人们的肌肉对外骨骼并起不到支撑耗能的作用，因为肌肉只对自己的内骨骼起控制作用。要让外骨骼听从我们的指挥，就得做和昆虫不一样的工作，这个工作就是建立人机交互系统，这也是外骨骼机器人领域中的一个研究重点。

现实中，外骨骼技术的工作原理不难理解，检测感知人体运动意图，通过控制算法策略算出执行层面上需要的控制量，然后控制作动器做出相应的运动，如图4-9所示。目前在应用上，外骨骼研究发展在军事领域主要集中在增强负重能力上，在民用领域为康复医疗，在工业领域则为减轻重复劳动强度。另外，在上肢外骨骼领域的应用主要为人机交互，这个方向与仿生灵巧手、遥操等领域结合密切，且涌现出了穿戴式操纵设备如外骨骼VR交互等方向。不论是行军跋涉，还是后勤物资搬运、物流配送、救灾抢险，外骨骼作为单人负重增强设备都能很好地适应使用场景中，因为在这些使用场景中，人是需要参与其中的，而单独使用其他负载设备如自动车或者机器人，都因为缺乏足够的智能而不能进行危机环境下的决策。

图4-9 机器外骨骼

医疗康复是民用方面一大发展方向。不管是下肢还是上肢，核心目标都是修复人体运动功能，这个思路发展下去，就是人造义肢。

硅基生命是相对于碳基生命而言的。一些人并不将碳视作生命必然的核心元素。并由此提出了以硅、硼或磷等而非碳为核心元素的"非碳基生命"。硅基生命相对地也可以如下定义：以硅骨架的生物分子所构成的生命。

4.2.2 人工大脑

人类的大脑是自然界最复杂的系统之一，是生物进化的奇迹。它具有认知、记忆、情感等高级功能。虽然神经科学近年来已经发展起来，但对人脑物理结构和认知功能的理解进展仍处于起步阶段。人脑的运行机制仍然是一个谜。

类脑计算是生命科学，特别是脑科学与信息技术的高度交叉和融合，其技术内涵包括对于大脑信息处理原理的深入理解，在此基础上开发新型的处理器、算法和系统集成架构，并将其运用于新一代人工智能、大数据处理、人机交互等广泛的领域。

一般地说，类脑计算是指借鉴大脑中进行信息处理的基本规律，在硬件实现与软件算法等多个层面，对于现有的计算体系与系统做出本质的变革，从而实现在计算能耗、计算能力与计算效率等诸多方面的大幅改进。大脑神经网络在不同的层级水平上具有不同的信息处理与逻辑分析能力，但它们却是协同统一的整体，彼此之间紧密联系。类脑计算机正是这样一款模拟大脑神经网络运行、具备超大规模脉冲实时通信的新型计算机模型。类脑计算机通过模拟生物大脑神经网络的高效能、低功耗、实时性等特点，借助大规模的CPU集群来进行神经网络实现，通过图4-10所示的可植入微型芯片帮助人们实现辅助计算。

图4-10 可植入微型芯片

人脑是自然界中最完美的信息处理系统，也是已知的宇宙中最复杂的智能主体。模拟人脑信息处理的方式，并仿制出像人脑一样能够"思维"，甚至在工作性能上超越人脑的"人工智能计算机"，一直是许多科学家毕生追求的梦想。

延伸： 记忆是否可以转化为数据上传至网络

21世纪以及未来的几十年，是人工智能的时代。人类在基础领域的研究似乎到了天花板，需要通过计算机来突破这种限制。以前人们认为，计算机是一种单纯的执行逻辑运算的电子元器件。但是，随着人工智能技术学科发展，计算机似乎可以被赋予人的思维逻辑。计算机通过大量的数据学习和模型训练，可以对复杂场景中的复杂逻辑做出判断，从而更好地帮助使用者改进自己的策略。

人工智能与人相似的地方是，两者都有一个核心的逻辑处理单元。人是通过大脑来完成运算、决策与思考，而人工智能也有大脑，它的大脑就是芯片，称它为人工智能芯片。人工智能的核心逻辑都是通过这块小小的芯片来完成，这块芯片可以完成模拟、训练、学习、海量计算、识别、存储等各项功能，它就是一块超级的大脑。既然有这么一块强大的大脑，那可不可以把这块芯片植入人的大脑呢？通过这块芯片来完成大脑的运算，并且可以感知人的记忆和思维，并存储思维和记忆，而这块芯片是永远不会"死"的，那人不就可以长生了吗？

人工智能是技术的革命，计算机被赋予更多的智慧，机器将会代替人类做更多的工作。未来的人类与机器可能是友好的合作伙伴。机器的智慧越来越高，但机器不会读懂人的思维，更不可能下载人的记忆，也不会植入人的大脑使人长生。某种程度上来说，如果机器的智慧达到了一定程度，也许机器之间可以相互沟通，这也是一件可怕的事情。

人工智能会为人类带来颠覆性的技术革命与升级。在人工智能的帮助上，人类会突破现有的思维和技术，在基础领域的研究会取得重大突破。技术改变生活，未来可期。

单元三　AI重塑制造业

"尤尼梅特"（Unimate）率先于1961年在通用汽车的生产车间里开始使用。虽然是简单的重复操作，但展示了工业机械化的美好前景，也为工业机器人的蓬勃发展拉开了序幕。自此，在工业生产领域，很多繁重、重复或者毫无意义的流程性作业可以由工业机器人来代替人类完成。

4.3.1　永不休息的工人

工业机器人是社会发展的必然产物，工业机器人可以代替人力进行一部分的具体操作性工作内容，如焊接、切割、码垛、搬运、包装等，在工作环境相对恶劣的环境中，工业机器人的优势更为突出，不仅是减少了不良环境对人体的伤害，而且因为能够持续性工作，所以也使工作效率得到了很大的提升。工业机器人取代人力进行实操是未来发展的一个大趋势，只要在技术数据和编程上做好，就比较容易实现，现在工业机器人的应用已经初步验证了这一趋势。

随着科技的进步和劳动力成本的上升，机器人代替工人已然成了必然趋势。工厂使用机器人工作，加快了企业的生产力，提高了产品的质量。一些企业已经引入了一定数量的机器人来代替普通工人生产。这些机器人能够代替人的生产力，并能够提升效率。"在未来，更多生产企业将会效仿这种生产模式，机器人大军的引入比例也将会逐步增长。"

中国欲向制造强国迈进，必须走"高技术、高品质、高定价"的"三高"路线。机器人代替人工，符合中国迈向制造强国的发展道路。这样做不仅提高了品牌质量，而且提升了品牌形象，有利于中国品牌向世界品牌迈进。

机器人代替工人从短期来看，会造成岗位的减少，但是历史上每一次的改革创新、科技进步都会带来大量新的就业岗位。蒸汽机时代纺织机技术的不断进步，使得大量家庭作坊式纺织工人下岗。经济学家把这种机器和技术革命带来的破坏力称之为"创造性破坏"，这种改变社会面貌的经济创新是长期和痛苦的，它将摧毁旧的产业，为新的产业腾出崛起的空间。

4.3.2 无人仓、无人机及无人车

随着人工智能的发展，未来很多工种都将智能化。物流对于电子商务来说，真的是很重要。

无人车、无人机、无人仓、无人站、配送机器人等"无人科技"正成为电商、外卖、物流的新宠儿，在新技术的重构下，"低头下订单，抬头收快递"的生活方式成为可能。接下来介绍京东与菜鸟两家的无人送货发展程度。

1. 京东无人送货

京东集团未来12年将全面技术化之后，京东的人工智能布局也体现在无人机、无人仓库等。京东自主研发的全球首个无人智慧配送站在陕西西安落成并投入使用。

京东无人智慧配送站面积14.4 m^2、高3.6 m，可存储至少28个货箱，具有一个发货箱，能存放一辆终端无人车并为其充电，如图4-11所示。

图4-11 京东无人智慧配送站

该配送站运行时，无人机将货物送到无人智慧配送站顶部，并自动卸下货物。货物将在内部实现自动中转分发，从入库、包装，到分拣、装车，全程100%由机器人操作，最后再由配送机器人完成配送。

"末端无人机、无人车是解决城乡'最后一公里'配送难题的重要手段，无人

智慧配送站则成为两者互相连接、实现全程无人配送的中转站,是解决末端配送无人化的重要一环。"京东无人智慧配送站适用于城乡山区等多种环境,兼备自提、退换货、收发件等服务,随着无人智慧配送站的广泛应用,帮助城乡山区等地区的用户更有效地解决城乡"最后一公里"的配送难题。

2. 菜鸟网络无人送货机器人

目前,菜鸟网络已经在多个城市开展了无人配送业务,例如在上海、杭州、成都、武汉等地区,通过引入智能无人配送车辆,并搭载高精地图、传感器以及自主导航系统,实现了无人配送服务。

此外,菜鸟网络还通过与众多合作伙伴进行深度合作,如与苏宁易购合作,在全国范围内部署1 000余辆机器人,建设了覆盖商圈、社区、工业园区等多种场景的智能无人配送网络。总之,菜鸟网络在无人配送领域展现出来的探索和创新,给人们带来了更加便捷、高效、安全的物流服务体验。无人卡车如图4-12所示。

图4-12　无人卡车

无人驾驶技术正经历快速发展,包括高清摄像头、激光雷达等先进设备的应用,使得车辆能够更准确地感知周围环境,实现自动定位、自动避障、自适应巡航等功能。无人驾驶技术的应用场景正在不断拓展,包括公共交通、物流配送、出租车服务等多个领域。例如,无人驾驶公交车、地铁、轻轨等已经成为现实,无人驾驶出租车也在多个城市进行试运营。此外,无人驾驶技术还在农业、建筑、环境监测、警用执法和旅游娱乐等多个领域展现出巨大的应用潜力。目前,我国的无人汽车技术位居世界前列,如:方案提供商华为不仅研发硬件平台(如车载计算平台),还提供自动驾驶的软件和算法解决方案,注重系统的集成性和高效性,与多家汽车制造商合作,推动技术应用。方案和整机生产的有蔚来、小鹏汽车、理想汽车等,三者都以电动汽车为核心,结合自动驾驶技术提供更加环保和高效的出行解决方案。自动驾驶辅助功能的易用性和车辆内的智能交互系统带来强烈的用户体验。

4.3.3　智能制造——3D打印

通常人们为了让设计的模型能够进行3D打印,技术人员必须使用3D打印建模软件来处理3D打印模型。这些3D打印建模程序将越来越多地包含人工智能因子,以帮助人们创建出最佳的3D打印模型。显然,人工智能可以融入3D打印工厂的设计中,并因此改变制造业的未来。

3D打印技术出现在20世纪80年代末至90年代初(也称为快速成型技术)。其原理很简单:以3D数字模型文件为输入,运用粉末状金属或塑料等可黏合材料,通过逐层打印方式来构造物体的技术。形象来讲,普通的打印机是将2D图像或图形数字文件通过墨水输出到纸张上;3D打印机则是将实实在在的原材料(如金属、陶瓷、塑料、砂等）输出为一薄层（物理上具有一定的厚度），然后不断重复一层层叠加起来，最终变成空间实物。因此，3D打印在输出某一分层时，过程与喷墨打印是相似的。就像盖房子，是通过一块一块砖所累积而成，而3D打印的物品是通过原材料的一粒一粒所累积而成。图4-13是国产3D家用打印机。

由于3D打印是将材料一层一层堆积而成，因此也称为增材制造工艺。相对于具有千年的等材制造工艺和具有百年的减材制造工艺，它只是一种制造成型的新工艺。

图4-13　国产3D家用打印机

在工业4.0的发展浪潮中，工业机器人、3D打印、云计算、虚拟现实、人工智能等都在迅速发展，在各行业中大放异彩。3D打印作为新兴技术在我国和工业4.0的发展规划中有重要的位置。3D打印能应用的领域如下：

1. 个人领域

在个人使用方面，消费级的3D打印机性价比高、运行稳定、打印精度高，在不断地深入到各个家庭环境。现3D打印机企业在大力推广普及消费级的3D打印机，在不断地开发和优化产品，使得价格已经不再成为消费者选择的障碍。消费级3D打印机已不再满足静态的物品、玩具或其他模型，并开始大量打印无人机、机器人、机甲战车等智能化产品。

2. 家庭领域

在家庭领域使用3D打印机是未来的一大趋势。3D打印机厂商希望能将3D打印机做成每家的必需品，如衣架、碗筷等日常用品都通过3D打印机打印出来；如用户丢失某一件物品，也可以通过自行设计或下载通用模型来打印，这种通过自己制作的方式比去购买更能增加家庭氛围。

3. 企业领域

3D打印也在走向企业，现技术更新快，传统方面的制造零部件已经不能符合企业的发展，一些企业已经开始借助3D打印来优化生产流程，达到节约成本、提高效益的目的。通过3D打印技术来压缩产品研发与样品制造方面的时间成本，在一些快速消费行业内能够大大加强企业的竞争力。

3D打印能大大减少在生产过程中原材料的损耗，并且在复杂、精密、个性化等领域，传统的生产工艺难以实现，在3D打印则不存在任何问题。

相信在不久的将来，3D打印能够给人们的生活带来更多的变化。3D打印能更深入人们的生活，并能在更多的领域中发挥作用。

延伸： 大疆——无人机领域的佼佼者

总部位于深圳的中国无人机研发企业大疆创新公司正在国际科技创新市场上掀起一股强大旋风。

2006年，汪滔创办了大疆，最初的主营业务是研发生产用于直升机航模和多旋翼飞行器的飞行控制系统。彼时市场上还没有"消费级无人机"这个概念，大疆的产品大多通过一些专业网站或论坛销售，渐渐获得业内人士认可。

随后，多旋翼飞行器在全球兴起，在航拍领域的应用尤为常见。大疆凭借其在飞控科技方面的研发积累涉足这一市场。2013年1月，第一代大疆"精灵"（Phantom）面世。和以往的专业航拍飞行器不同的是，这款四旋翼无人机无须组装，"开箱即飞"，通过遥控器和智能手机就可以灵活控制，使航拍的技术门槛和成本大大降低，让普通人也能够以相对较低的成本，用一种全新的视角认识自己周遭的环境。

大疆是全球最大的无人机制造商之一，在航拍、安防和消费级别的无人机领域均有广泛应用，并且在全球范围内都拥有客户和合作伙伴网络。此外，随着无人机技术的不断发展，大疆还在深入探索其他可能的领域，如物流、农业和交通管理等。大疆约八成销售是在海外市场实现的，在北美和欧洲的表现尤为亮眼。图4-14为大疆无人机。

图4-14　大疆无人机

单元四　机器与社会

机器人的发展史犹如人类的文明和进化史在不断地向着更高级发展。机器人的语言交流功能越来越完美，各种动作越来越精细化，外形越来越酷似人类，逻辑分析能力越来越强，越来越具备多样化功能。本单元将从教育、艺术以及万物互联上叙述机器人的未来发展。

4.4.1　AI+教育

人工智能和机器学习这一新兴技术正在改变教育的未来。教师的工作和教育的最佳实践将会发生许多变化。

1. 双赢局面

人工智能已经应用于教育，有些工具可以帮助开发技能和测试系统。随着人工智能教育解决方案的不断成熟，人们希望人工智能能够填补学习和教学中的需求缺口，让学校和教师比以往做得更多。人工智能可以提高效率、个性化和简化管理任务；而教师可以自由地为学生提供解释——这是机器难以胜任的、人类独有的能力。

教育领域对人工智能的愿景是，通过利用机器和教师的优势，他们共同努力，为学生带来最佳结果。今天的学生需要在人工智能已经普及的未来工作，所以我们的教育机构让学生接触和使用这项技术是很重要的。

2. 个性化的学习

追求学生个性化的学习，是教育工作者多年来的首要任务，对管理着一个班级几十名学生的老师来说，这几乎是不可能完成的，但人工智能将允许学生存在差异化学习。

目前，多家公司研发的智能教学设计和数字平台，利用人工智能为学生提供学习、测试和反馈，为他们准备好挑战，发现知识短板，并在适当的时候开展新的课题。

随着人工智能变得越来越复杂，机器可能会阅读学生表情传达的信息，并据此修改课程，以适合该学生学习。为每个学生的需求定制课程的想法在今天是不可行的，但是它将适用于人工智能驱动的机器。

3. 全球学习

人工智能工具向所有人提供全球化的教室，包括那些说不同语言，或可能有视觉、听觉障碍的人。Presentation Translator 是一个免费的 PPT 插件，它为老师所讲的内容实时创建字幕。这也为那些因故无法上学，或需要在不同水平上学习，或者学校缺乏自己需要的特定学科的学生，提供了可能。人工智能可以帮助打破学校之间、传统年级之间的隔阂。

4. 教育辅助

教育机器人是一种通过人工智能技术和机器人技术，提供给孩子们在家庭和学校环境下学习和发展的工具。家庭教育机器人可以为孩子们提供有趣、互动和个性化的学习体验，帮助他们在不同领域中获得知识和技能，例如语言、数学、科学、艺术等。

这些机器人通常包括语音识别、人脸识别、情感识别、自然语言处理等多项技术，可以与孩子们进行对话，了解他们的需求和兴趣，并根据孩子的反馈进行调整和优化。此外，家庭教育机器人还可以通过游戏、趣味性互动等方式吸引孩子们的注意力，让他们更加主动地参与学习。

虽然教育机器人的研发和应用还处于早期阶段，但是随着人工智能和机器人技术的不断发展，未来这一领域的潜力将会越来越大。由于人工智能，辅导和学习项目变得越来越先进，很快它们就会更容易获得，并能够应对各种学习方式。更多的人工智能正在应用于教育，包括人工智能导师，智能内容开发，以及通过虚拟技术提供教师个人发展的新方法。

4.4.2 机器创作艺术

当下及未来，"人工智能"都将成为人们热议的话题，一方面，它承载着科技创新的巨大能量，不断刷新着人类对未知世界和极限领域的认知，改变着人类的生活、生产方式；另一方面，当人工智能进入艺术领域，可以让经典艺术家"复活"，并依据一定的逻辑继续创造作品时，人工智能与艺术创造的关系、艺术家与艺术价值的认定等问题，就需要进行重新考量和厘清了。

2019年中央美院研究生毕业画展中，署名"夏语冰"的多幅绘画作品引起关注。这位创造力不遑多让的"夏语冰"就是以会写诗闻名并且已经出版诗集的微软小冰。据研发人员介绍，该智能机器人在对过往400年艺术史上236位人类画家画作进行学习后，原生绘画创作能力已经具备一定水准。不仅如此，它在设计领域也开始商业化探索。写诗、演唱、绘画、设计……人工智能技术在进入文艺领域之后，凭借超强学习能力、记忆能力和迅捷高效的创作优势，正在拿出越来越多的作品成果，显露出人工智能技术在文艺生产和文化市场方面的诸多可能。

小冰在学习人类技法和表现力的同时，也学习了人类的人文历史视角。如小冰以都市、城市为主题的画作，带有工业革命时代的色彩。工业革命背景下城市中那种港湾和天空中有点儿淡淡的烟云，工厂冒出来的烟，形成天空的变化和不稳定。

"人工智能会取代人类创作吗？"正成为一些人焦虑的问题。需要说明的是，每当人们谈起人工智能时，往往想到科幻小说中的强人工智能，它们具有人类一样的情感和体验，和人类一样生活，看起来似乎会取代人类；然而，目前人们实际拥有的是弱人工智能，它具备人类一些高端技能，但在情感、意识等方面与人类差之千里。即便如此，人工智能的进入依然促使人们反观人类自身创作的特点与优长——越是面临技术冲击越要端正和坚定本体价值，同时在文艺观念和创作实践上越要有新的突破和追求。

未来，机器可以替代人类完成很多事情，将人工劳动最大化地解放出来。然而，总有一些内容是机器无法复制、无法超越的，这部分内容代表了人脑的创造力，代表了人类的独特性与物种价值，而这部分内容在人类创造的艺术形式中将得以最大限度地发挥和释放。可以说，艺术存在的意义和价值之一，就是对人类意识的自由表达，以及对生命和世界的独特体验。

4.4.3 万物智联

"万物智联"时代是由各界专家和业内人士就物联网产业的发展趋势和实际应用探讨时提出的概念，以人工智能+物联网为技术基础，是"万物互联"时代的发展方向。

例如，手机来电可以通过车载音箱来接听，无人机画面可以通过视频通话直播，手机与计算机无缝传输、智能音箱的语音功能等出现，让用户不再需要浪费精力去考虑或者思索某一性能，仅需通过指令或者语音即可实现智能交互。这其实就是将终端能力虚拟到云端，再通过分布式技术释放出的技术。人们可以将日常终端设备虚拟化，只需通过调用指令，即可完成想做的事情，这是科技融入生活的进程，也是物联网发展的前提。

随着5G的逐步开放，数据有了新的快速流水线。在5G的支持下，具有新的流水线的数据，时间和空间将得到折叠，人工智能、物联网、云计算和大数据等技术将迎来新的发展阶段。在这个快速发展的新时代，人们享受科学技术繁荣带来的丰硕果实。

在万物互联的未来时代，每个终端都可以被视为"智能手机"。不难想象，在每个行业中，将有无数的物联网终端被交织到一个大型网络中，并且每个终端将不断生成数据。这些数据将在5G网络的支持下，结合大数据，云计算和人工智能技术实时、快速地流动，以促进互联事物的高度繁荣。

延伸： 鸿蒙OS——国产自主操作系统

2021年6月2日，鸿蒙OS面市，它是一个分布式操作系统，造就新硬件、新交互、新服务，致力打开焕然一新的世界。鸿蒙OS由华为公司自主研发，旨在为各种设备提供一致、协同的用户体验。它不仅可以应用于智能手机、平板电脑、智能手表等消费电子领域，还可以应用于工业自动化、车载娱乐等领域。采用微内核架构，具有高效稳定、安全可靠、灵活易用等特点。它支持多种编程语言和开发框架，开发者可以使用自己熟悉的开发工具和语言进行开发。值得注意的是，鸿蒙OS与Android和iOS等传统操作系统有很大的区别。它采用了分布式技术，可以将不同设备之间的资源协同使用，从而实现更好的用户体验。

鸿蒙OS 2.0不仅仅用在手机领域，对于整个物联网的意义更大。在人机交互的时代，物联网也发展迅猛，如果简单地将家用电器比作硬件，那么鸿蒙OS 2.0就是软件部分，甚至是赋予了硬件产品拥有智慧的生命。这种跨设备协同才是鸿蒙OS 2.0的核心内容。

鸿蒙OS 2.0为物联网开通了更多的入口。比如一台装有鸿蒙OS 2.0的电视，就可以实现在电视上安装京东App，甚至其他带屏幕的设备，如冰箱、汽车、智能手表都能成为京东App、喜马拉雅App等其他应用软件的入口。鸿蒙OS 2.0还将这些硬件整合一起，实现无缝衔接，让用户家中所有的硬件产品都不是独立存在的。

鸿蒙OS 3.0继续推进"一核多端"理念，旨在实现不同类型设备（如手机、平板、智能家居设备、可穿戴设备等）之间的无缝协作和统一体验。增强了分布式技术，使设备之间的资源和服务可以更加高效地共享。例如，通过分布式文件系统和分布式数据管理，用户可以在不同设备上访问和处理数据。鸿蒙OS 3.0 体现了打造全场景智能生态系统方面的构想，旨在通过统一的操作系统平台实现设备之间的无缝连接和智能互动。

鸿蒙OS 4.0是华为最新发布的操作系统版本，它在鸿蒙OS 3.0的基础上进一步提升了不同设备之间的无缝联动，支持更多设备和平台的互操作性。更是集成了人工智能功能和全新的方舟引擎，支持各种设备上的高性能图形渲染和应用开发。

小 结

技术进步正在改变传统自助服务终端向最终用户提供服务的方式。数字孪生技术、工业互联网、人工智能、机器人与传统产业加速融合，基础设施云化、中台化、移动化，企业的组织形态、研发设计、管理方式、生产方式、销售服务随之而变。在最新的趋势中，静态和被动的交互式自助服务终端正在向智能移动机器人转变，这些智能移动机器人凭借其自主性、易于接近、可交互，并提供多功能服务，正在改变传统行业的格局。

人工智能驱动下，机器人等自动化产品在将科技进步转化为更高生产率和经济增长动力的同时，也对劳动力市场产生了深刻的影响，自动化技术进步已经成为影响全球就业结构变化的重要因素。

模块五

人工智能与博弈

引言：

近年来，人工智能技术发展迅速，甚至可以说是取得了指数级的进步，不仅可以从海量人类行为数据中心提取特征和经验，还可以通过自我博弈超越人类的经验。不论人类在人机博弈中把人工智能当作对手还是伙伴，都有可能颠覆人们传统的思维方式和决策体系，因此，博弈与人工智能结合之后可能给人类社会发展带来显著的作用。人机博弈是人工智能领域一个非常重要的研究问题，人机博弈在很多领域都被当成解决当前诸多问题的有效方法。

知识导图：

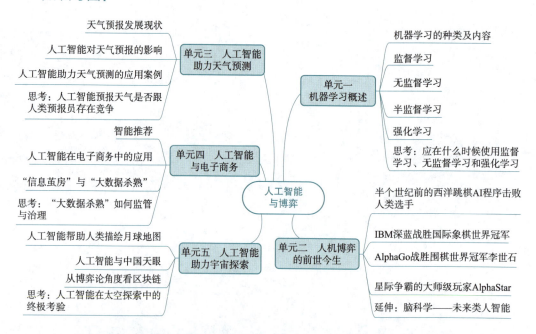

单元一　机器学习概述

了解人工智能、人机博弈技术，让我们从机器学习开始。

所谓机器学习,并非人类给计算机输入某种规则,而是指人工智能自身从被给予的数据中构建规则的技术。例如,如果想开发出一种人工智能使其能够辨别出照片上拍摄的是猫还是狗,那么就需要大量收集猫和狗的照片,把它们作为人工智能的数据,人工智能通过学习,只能具备推测出照片上是猫还是狗这一功能,如果认为既然可以分辨出猫和狗,那么就再来分辨一下老虎,那当然是不可能的。在机器学习中,计算机以人类给予的不太完善的规则和数据为基础,对其不断进行完善和调整,人们将这一过程称为学习。

5.1.1 机器学习的种类及内容

机器学习(machine learning)是概率论、统计学、计算理论、最优化方法,以及计算机科学组成的交叉学科,其主要的研究对象是如何从经验中学习并改善具体算法的性能。

目前,人们通常所说的"机器学习"大致包含四大类:监督学习(supervised learning)、无监督学习(unsupervised learning)、半监督学习(semi-supervised learning)和强化学习(reinforcement learning)。

人们往往将机器学习看作人工智能实现的途径之一,机器学习、深度学习和人工智能的关系如图5-1所示。

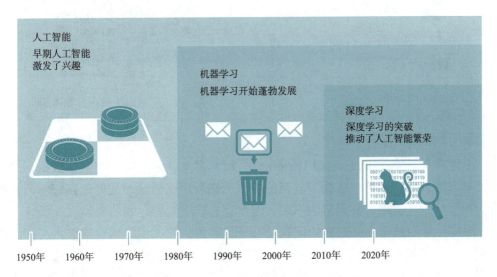

图5-1 机器学习、深度学习和人工智能的关系

5.1.2 监督学习

监督学习(supervised learning)是指,利用一组已知类别的样本调整分类器的参数,使其达到所要求性能的过程,也称为监督训练或有教师学习。

监督学习是从标记的训练数据来推断一个功能的机器学习任务。训练数据包括一套训练示例。在监督学习中,每个实例都是由一个输入对象(通常为矢量)和一个期望的输出值（也称为监督信号）组成。监督学习算法是分析该训练数据，并产生一个推断的功能，其可以用于映射出新的实例。一个最佳的方案将允许该算法来正确地决定那些看不见的实例的类标签。这就要求学习算法是在一种"合理"的方式从一种从训练数据到看不见的情况下形成。

监督学习在机器学习中是最重要也是使用频率最高的方法，简而言之，就是事先给予计算机正解数据，然后使其自动学习规则和模式的方法，事先给予的正解数据即为"监督数据"，计算机从监督数据中学习规则和模式。至于监督数据的最小数量，需要根据机器学习的方式加以确定，不过至少也需要万级的数据量。

例如，要设计一款人工智能，用途是学习给照片分类，那么它学习的内容或者说它学习的监督数据就是成千上万张的照片，每张照片都有标签。人工智能学习的过程就像是人类刷题的过程一样，只不过每道习题都有答案，如图5-2所示。

经过一段时间的学习后，对于未知图片人工智能就可以产生自己的判断，如图5-3所示。

图5-2　人工智能监督学习过程

图5-3　人工智能对未知图片的判断

5.1.3　无监督学习

无监督学习（unsupervised learning），顾名思义就是无须给出监督数据，进行机器学习的方法。通常，根据不同目的可以选择利用监督学习或者无监督学习，由于两种学习方式适用的学习目的不同，因此有必要对两者之间的差异加以了解。

现实生活中常常会有这样的问题：缺乏足够的先验知识，因此难以人工标注类别或进行人工类别标注的成本太高。很自然地，我们希望计算机能完成这些工作，或至少提供一些帮助。根据类别未知的或者说是没有被标记的训练样本解决模式识别中的各种问题。

例如，我们需要人工智能判断和区分图片上是猫还是狗，这次给它学习大量的猫的图片和狗的图片，但是每张图片上都没有标签标明是猫还是狗。人工智能需要依靠提取每张图片的特征，依据一定的算法，对图片进行分类。只不过，没看过答案的人工智能，依然不知道哪张图片是猫哪张图片是狗。它能做的是将每张图片上的动物的特征都提取出来，如图5-4所示。

模块五　人工智能与博弈

图5-4　AI无监督学习过程

经过一段时间的学习之后，人工智能可以依据提取到的特征，把这些图片分成不同的两堆。这个过程就是聚类。在只有特征、没有标签的训练数据集中，通过数据之间的内在联系和相似性将它们分成若干类，如图5-5和图5-6所示。

图5-5　人工智能对图片的分类（猫）

图5-6　人工智能对图片的分类（狗）

总的来说，无监督学习即指不提供正解数据的学习方法。在机器学习方面使用，不知道正解或是没有正解的数据时，即使用无监督学习，这是一种可以对数据潜在的规律性加以归纳的学习方法。人们看到无监督学习这一说法，通常会产生"诸如没有正解数据，却能够找出规律，真了不起！""无监督学习是不是比监督学

· 119 ·

习高级？"等感觉。实际上它们各有所长，并无孰优孰劣之分。

5.1.4 半监督学习

半监督学习（semi-supervised learning, SSL）是模式识别和机器学习领域研究的重点问题，是监督学习与无监督学习相结合的一种学习方法。半监督学习使用大量的未标记数据，以及同时使用标记数据，来进行模式识别工作。当使用半监督学习时，将会要求尽量少的人员来从事工作，同时，又能够带来比较高的准确性，因此，半监督学习越来越受到人们的重视。

半监督学习使用的数据一部分是标记过的，而大部分是没有标记的。和监督学习相比较，半监督学习的成本较低，但是又能达到较高的准确度。综合利用有类标的和没有类标的数据，来生成合适的分类函数。

半监督学习的出现是因为，实际问题中，通常只有少量的有标记的数据，因为对数据进行标记的代价有时很高。比如，在生物学中，对某种蛋白质的结构分析或者功能鉴定，可能会花上生物学家很多年的工作，而大量的未标记的数据却很容易得到。

5.1.5 强化学习

强化学习（reinforcement learning）即对某种状态下的各种行动进行评价，并借此主动学习更好的行动方式。尤其在近几年颇受关注的围棋象棋比赛中，强化学习在控制机器人行动方面发挥了较高的性能。与监督学习和无监督学习相比，强化学习是一种稍显复杂的方法。

强化学习也是使用未标记的数据，但是可以通过一些方法知道是离正确答案越来越近还是越来越远（奖惩函数）。可以把奖惩函数看作正确答案的一个延迟、稀疏的形式。可以得到一个延迟的反馈，并且只有提示是离答案越来越近还是越来越远。与监督学习不同，强化学习不会给出明确的答案（监督数据），但是人类会给予其行动的选项，以及判断该行动是否合理的基准。计算机再在这一范围内反复进行试验。因此，类似围棋和象棋这样具有固定规则，且人类能给出相关评价标准的对象是比较适合的，倘若无法给予固定规则，则计算机无法给出解决方案。

为了更好地理解强化学习的概念，我们举几个生活中的案例，通过观察生物智能的行为和特征，帮助突破对强化学习理解的障碍。

①一个专业棋手下棋，当他每下一步的时候，他考虑的都是在计算预测，当他走了某一步以后，可能的结果以及对方会进行的反制措施，或者有时候，凭借直觉立刻来决定这步棋怎么走。

②小羚羊、小牛在出生几分钟后就能挣扎站起来，半小时左右就能以 2 m/s 的速度奔跑。

③移动的机器人能决定是否需要进入一个新房间找垃圾还是马上找到路线去充

电,它的决定取决于当前的电量,以及找到路线需要花费的能量。

这些例子都涉及了一个主动决策智能体和环境之间的交互。在这个交互过程中,智能体寻求达到一个或者一系列特定的目标。智能体的行为影响到将来的环境状态(如下一步棋的位置,机器人下一个时刻的位置以及未来电池的电量),以此影响智能体后来的决策。正确的选择需要考虑到间接的、延迟的行为后果,因此需要远见和规划。

我们再通过一个小游戏案例来理解强化学习的过程。

Frozen Lake游戏的场景是一个结了冰的湖面,即4×4大小的方格。要求智能体从开始点Start走到目标点Goal,但是不能掉进冰窟窿里,冰窟窿即图中标注的"Hole!!!",如图5-7所示。

图5-7　Frozen Lake游戏示意图

人类来玩Frozen Lake很简单,但是智能体并不知道自己所处的环境是什么样子,也不知道要怎么去玩这个游戏,只能通过和环境交互,即不断地尝试每一种动作,然后根据环境的反馈来判断刚才的动作是好还是不好。

例如,智能体当前处在S_5状态,采取了一个向右的动作,结果掉进了冰窟窿,此时环境会给它一个负的反馈,告诉它刚才这个动作是不好的。而如果智能体处在S_{15}状态,采取了一个向右的动作,环境则会给它一个正的反馈,因为它顺利到达了目标点。

智能体需要通过学习来得到每一个中间动作(或状态)的奖励值,之后的策略就是选择一条累积奖励最大的动作序列,即每一次都选择当前状态下奖励值最大的那个动作执行,就可以到达终点。

通过上述例子,也可以看到强化学习的基本原理就是通过学习来选择能达到其目的的最优动作,当智能体在其环境中做每个动作时,环境都会提供一个反馈信号及奖惩值。强化学习也可看成是从环境到动作的映射学习过程,其目的就是采用的某动作能够从环境中得到最大的累积奖惩值。强化学习的模型如图5-8所示。

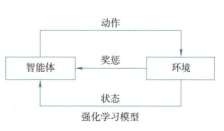

图5-8　强化学习的模型

与传统的深度学习不同,强化学习是基于环境反馈实现决策制定的通用框架,

人工智能与社会

根据不断试错而得到的奖励或惩罚来形成决策，强调在环境的交付过程中学习。强化学习与标准的监督学习不同，更加专注于实时学习，调整应对需要在已有知识基础上探索应对未知领域的难题。

思考： 应在什么时候使用监督学习、无监督学习和强化学习

我们对监督学习、无监督学习和强化学习三种类型的机器学习进行了说明，其实监督学习无监督学习和强化学习的方法有许多，实际操作中需要结合目标选择与其相符的方法。

监督学习：优势在于"分类"。进行分类操作时，监督学习最为实用。

无监督学习：优势在于"分割"。或许人们并不清楚分割的具体方式，但如果有进行分割的需求，无监督学习无疑是最恰当的选择。

强化学习：优势在于"学习行动模式"。产品的某项功能按一定的规则运转，如果希望它执行最合适的行动，则可以尝试强化学习。

单元二　人机博弈的前世今生

棋类游戏是人类智慧的结晶，自古以来就有着广泛的爱好者。棋类游戏作为人工智能研究的首选对象，不仅是因为棋类游戏规则清晰，胜负判断一目了然，还因为其更容易在爱好者群体中产生共鸣。因此，人工智能研究者前赴后继地投身到不同系列游戏的挑战中，而机器博弈的水平，实际上代表着当时计算机体系架构与计算机科学的最高水平。

5.2.1　半个世纪前的西洋跳棋AI程序击败人类选手

1962年，当时就职于IBM的阿瑟·萨缪尔在IBM 7090晶体管计算机上（内存仅为32 KB）研制出了西洋跳棋（Checkers）人工智能程序，并击败了当时全美最强的西洋棋选手之一的罗伯特·尼雷，引起了轰动。阿瑟·萨缪尔在西洋跳棋人工智能程序研制过程中，第一次提出了"机器学习"的概念，即不需要显式地编程，让机器具有学习的能力。人工智能初露锋芒，被世人知晓。

1. 西洋跳棋的玩法

西洋跳棋又称国际跳棋，是一种在8×8=64（格）的两色相间的棋盘上进行的技巧游戏，以吃掉或堵住对方所有棋子去路为胜利。双方轮流走棋。"未成王"的棋子只能向左上角或右上角且无人占据的格子斜走一格。吃子时，敌方的棋子必须是在己方棋子的左上角或右上角的格子，而且该敌方棋子的对应的左上角或右上角必须没有棋子。若一个棋子可以吃棋，那么它必须吃而不可以走其他棋子。棋子可以连吃，即是说，若一只棋子吃过敌方的棋子后，在它新的位置上还可以吃敌方的另一个棋子，它必须继续吃直到无法再吃为止。如果同时有两个棋子可以吃棋，只

需选择一个吃即可。当棋子到了对方底线，它就可以"成王"，可以向后移动。棋子在"成王"之后不能马上继续吃棋，必须等下一回合才可以移动。若一个玩家没有棋子可以行走了或所有棋子均被吃掉了便算输。西洋跳棋如图5-9所示。

2. 人机博弈大战回顾

1956年2月24日，萨缪尔在IBM 704计算机上设计的西洋跳棋程序和美国康涅狄格州的西洋跳棋冠军选手进行公开对抗赛，西洋跳棋程序取胜。

图5-9　西洋跳棋

1959年，萨缪尔设计的西洋跳棋程序击败了萨缪尔本人。

1962年6月12日，萨缪尔在IBM 7090计算机上设计的西洋跳棋程序击败了罗伯特·尼雷。

3. 阿瑟·萨缪尔

阿瑟·萨缪尔，1901年出生于美国堪萨斯州的恩波利亚。1923年大学毕业后进入麻省理工学院读研究生，1926年取得硕士学位并留校工作。两年后加入贝尔实验室从事电子器件和雷达技术的研究。在贝尔实验室工作18年之后，萨缪尔离贝尔实验室到伊利诺伊大学电气工程系任教，积极参与了该校研制电子计算机的工作，并开始了对机器学习的研究和下棋程序的编制。在伊利诺伊大学工作了三年之后，1949年萨缪尔转至IBM公司的研发实验室工作，参与了IBM第一台大型科学计算机701的开发。1952年，萨缪尔设计的第一个下棋程序在IBM 701上实现。1954年，他把程序移植到IBM 704上。1956年2月24日，萨缪尔的下棋程序和康涅狄格州的西洋跳棋冠军进行公开对抗并取胜，比赛实况通过视频向美国全国转播。1962年6月12日，萨缪尔的下棋程序和当时全美最强的西洋跳棋选手之一罗伯特·尼雷对抗，并让尼雷首先选择进攻还是防御，结果走到第32步尼雷就投子认输。赛后，尼雷承认计算机走得极其出色，甚至没有一步失误。这是他自1954年以来，八年中，遇到的第一个击败他的对手。

4. 西洋跳棋人工智能程序的核心技术

西洋跳棋人工智能程序的核心技术是通过自我对弈来学习评价函数，大致原理是利用两个副本进行对弈，学习线性评价函数每个特征的权重，其中一个副本Beta始终使用固定的评价函数，另一个副本Alpha则通过与使用极小极大搜索（minimax search）算法作对比来学习特征的权重。事实上，阿尔法围棋的人工智能算法和当今深度学习领域非常火爆的生成式对抗网络（GAN）都采用了类似的思想。虽然西洋跳棋人工智能程序使用了相当多的领域知识，以及一些简化的假设，但不可否认的是，萨缪尔的工作是早期人工智能的一个里程碑，其工作中强化学习与对抗学习的思想至今仍然是人工智能程序的核心算法。

5.2.2 IBM深蓝战胜国际象棋世界冠军

1997年5月,IBM深蓝以3.5∶2.5战胜了人类国际象棋(Chess)世界冠军加里·卡斯帕罗夫,成为人工智能发展史上的又一个里程碑。

1. 国际象棋

国际象棋的棋盘为正方形,由64个黑白(深色与浅色)相间的格子组成;棋子分黑白(深色与浅色)两方共32枚,每方各16枚。国际象棋起源于亚洲,后由阿拉伯人传入欧洲,成为国际通行棋种,也是一项智力竞技运动,曾一度被列为奥林匹克运动会正式比赛项目。国际象棋棋盘是个正方形,由横纵各8格、颜色一深一浅交错排列的64个小方格组成。深色格称黑格,浅色格称白格,棋子就放在这些格子中移动,右下角是白格。国际象棋棋盘如图5-10所示。

图5-10 国际象棋

2. 国际象棋人机博弈历史回顾

1958年,名为"思考"的IBM 704成为第一台能同人下国际象棋的计算机,处理速度为每秒200步,但是在人类棋手面前被打得丢盔弃甲。

1973年,B. Slate和Atkin成功开发了国际象棋软件CHESS 4.0,成为未来国际象棋人工智能程序的基础,1979年国际象棋软件CHESS 4.9达到专家级水平。

1983年,Ken Thompson开发了国际象棋硬件BELLE,它由数百个芯片组成,每秒可计算18万步,达到大师级水平。

1987年,美国卡内基梅隆大学设计的国际象棋计算机程序"深思"(Deep Thought)以每秒75万步的处理速度露面,其水平相当于拥有2 450国际等级分的棋手。

1988年,"深思"击败丹麦特级国际象棋大师拉尔森。

1989年,"深思"已经有六台信息处理器,处理速度达到每秒200万步,但还是在与国际象棋棋王卡斯帕罗夫的人机大战中以0∶2败北。

1990年,"深思"第二代产生,使用IBM的硬件,吸引了前世界国际象棋棋王卡尔波夫与之对抗,卡尔波夫和棋。

1991年,由CHESSBASE公司研制的国际象棋计算机程序"弗里茨"(Fretz)问世。

1993年,"深思"二代击败了丹麦国际象棋国家队,并在与前女子世界冠军小波尔加的对抗中获胜。

1995年，"深思"更新程序，新的集成电路将其"思考"速度提高到每秒300万步。

1996年，"深蓝"（Deep Blue）诞生，其棋力高于"深思"数百倍，首次挑战国际象棋世界冠军卡斯帕罗夫，最终以2∶4落败。

1997年，"深蓝"的升级版"更深的蓝"开发出了更强大的"大脑"，四名国际象棋大师参与IBM的挑战小组，为计算机与卡斯帕罗夫重战出谋划策。最终"更深的蓝"以3.5∶2.5的总比分战胜卡斯帕罗夫。

1999年，"弗里茨"升级为"更弗里茨"，在2001年，"更弗里茨"更新了程序，击败了卡斯帕罗夫、维斯瓦纳坦·阿南德以及除了克拉姆尼克之外的所有排名世界前十位的国际象棋棋手。

2002年10月，"更弗里茨"与克拉姆尼克在巴林进行"人机大战"，思考速度为每秒600万步，双方战成4∶4平。

2003年1~2月，由两位以色列计算机专家研究出的"更年少者"与卡斯帕罗夫举行人机大战，双方3∶3战平。

2003年11月，世界排名第一的棋手卡斯帕罗夫与计算能力强大的"X3D-弗里茨"计算机战成2∶2平。

2005年1月，阿达姆斯（ADAMS）以0.5∶5.5输给Hydra。

3．卡斯帕罗夫与"深蓝"

"1996年2月初遇'深蓝'时，我已稳居世界冠军超过十年，与顶级选手进行了数以百计的较量，我能够从对手的肢体语言中判断出他们的情绪状态和下一步棋会如何走。"

"但是当我坐在'深蓝'对面，我立即有一种崭新、令人不安的感觉。正如你第一次坐在无人驾驶汽车里，或上班时'计算机上司'向你发出命令时一样，我无法预测它到底能做什么。"

"我最终输了比赛。我不禁纳闷：我深爱的国际象棋就这样结束了吗？这是人为的疑虑和恐惧，而我唯一能够确信的是，我的对手'深蓝'并没有这些烦恼。"

——卡斯帕罗夫，TED演讲，2017年

加里·卡斯帕罗夫从小就体现出极其惊人的天赋，当时作为国际象棋王国的苏联训练体系非常完善，卡斯帕罗夫很快展现惊人才华。他10岁打进全国青年锦标赛决赛，并保持不败。他的教练把他介绍到了前世界冠军，苏联象棋界一代宗师——鲍特维尼克的门下。他13岁成为大师，14岁时参加17岁年龄组的比赛，还能获得第三名，15岁开始参加国际比赛，16、17岁接连获得国际象棋奥林匹克冠军和欧锦赛冠军。1984年，22岁的卡斯帕罗夫成为国际象棋第13位世界冠军，也是史上最年轻的棋王。在随后的几年中，卡斯帕罗夫三次卫冕成功。

加里·卡斯帕罗夫统治国际象棋领域将近70年，其中除了美国怪才菲舍尔的短暂辉煌，无人可以撼动。直到2016年，他遇到了IBM的"深蓝"。1996年，双方第一次对决。在历经七年的研究和开发之后，IBM公司的一个小组，相信他们已经准备好挑战卡斯帕罗夫了，在全部六轮比赛的第一轮"深蓝"勉强击败卡斯帕洛夫，但卡斯帕洛夫很快吸取教训，并最终赢得了决定性的胜利，最终卡斯帕罗夫2∶0获胜。

卡斯帕罗夫关于在1997年再次比赛的提议，立即被IBM的小组接受。比赛于5月3日—11日在纽约的公平大厦举行。整个比赛引起了全世界传媒的巨大关注。

1997年5月11日下午，对弈的第六局决胜局，"深蓝"使用它搭载的256块处理器，挑战卡斯帕罗夫的大脑，这些处理器每秒可以分析两亿种可能性。他们将这种方法称作"暴力破解法"。卡斯帕罗夫没有尝试这样做，他也不可能去考虑所有的可能性，他基于自己的经验来判断什么是重要的，并依赖人类大脑无与伦比的模式识别和记忆能力去应战。但这些棋牌模式也同样存在于"深蓝"的软件之中，与大师对弈的经历已经教会"深蓝"升级自己关于如何取胜的人类经验案例库。第六局开战之初，"深蓝"排兵布阵，并在中间采用暴力破解方式，对数百万种可能的走法进行了分析。它终于让卡斯帕罗夫做出判断错误，卡斯帕罗夫开始紧张，他竭尽全力努力防守，但很明显"深蓝"已经完全掌控了局面，卡斯帕罗夫失败了。

这是"深蓝"创造的又一个新纪录。1996年，"深蓝"成了第一个赢了国际象棋世界冠军的计算机；现在，它又成为第一个在多局赛中战胜国际象棋世界冠军的计算机。卡斯帕罗夫曾经说过，计算机要想战胜世界冠军，得等到2010年，"深蓝"把这个日子提前了13年。

"深蓝"（见图5-11）质量达1.4 t，有32个节点，每个节点有8块专门为进行国际象棋对弈设计的处理器，平均运算速度为每秒200万步。总计256块处理器集成在IBM研制的RS6000／SP并行计算系统中，从而拥有每秒超过2亿步的惊人速度。它不会疲倦，不会有心理上的起伏，也不会受到对手的干扰。IBM研制小组向"深蓝"输入了100年来所有国际特级大师开局和残局的下法，自1996年在6局对抗赛中以2∶4败给卡斯帕罗夫之后，"深蓝"的运算速度又提高了一倍，美国特级大师本杰明加盟"深蓝"小组，将他对象棋的理解编成程序教给"深蓝"。比赛结束后，"深蓝"小组公布了一个秘密，每场对局结束后，小组都会根据卡斯帕罗夫的情况相应地修改特定的参数，"深蓝"虽不会思考，但这些工作实际上起到了强迫它学

图5-11　胜利后被拆卸展出的"深蓝"

习的"作用",这也是卡斯帕罗夫始终无法找到一个对付"深蓝"的有效办法的主要原因。

4. "深蓝"的成功秘诀

"深蓝"在硬件上将通用计算机处理器与象棋加速芯片相结合,采用混合决策的方法及在通用处理器上执行运算分解任务,交给国际象棋加速芯片并行处理复杂的棋布自动推理,然后将推理得到的可能行棋方案结果返回通用处理器,最后由通用处理器决策出最终的行棋方案。九七型"深蓝"与九六型相比,运算速度差不多提高了两倍,国际象棋加速芯片的升级功不可没。升级后的国际象棋加速芯片能够从棋局中抽取更多的特征,并在有限的时间内计算出当前盘面往后12步甚至20步行棋方案,从而让深蓝更准确地评估盘面整体局势。

"深蓝"在软件设计上采用了超大规模知识库,结合优化搜索的方法。一方面,深蓝存储了国际象棋100多年来70万份国际特级大师的棋谱,能利用知识库在开局和残局阶段节省处理时间,并得出更合理的行棋方案;另一方面,"深蓝"采用**Alpha-Beta**剪枝搜索算法和基于规则的方法对棋局进行评价,通过缩小搜索空间的上界和下界提高搜索效率,同时可根据棋子的重要程度、棋子的位置、棋子对的关系等特征对棋局进行更有效的评价。

IBM让"深蓝"退役了,此后也再未对弈。但国际象棋对弈软件的发展却并未停滞不前。今天的计算机拥有大内存和复杂的软件,在下棋方面,能够达到与"深蓝"的庞大处理器系统同样的水平。但不管如何,"深蓝"与卡斯帕罗夫的对弈创造了历史。人们证明了,有可能建造一台对弈计算机,其能够击败最强的人类对手。

5.2.3 AlphaGo战胜围棋世界冠军李世石

人们有一个基本共识:围棋是人类发明的最复杂也是最美的游戏之一。不是说围棋每一个着法都比国际象棋多,而是两者下法的理念有所不同。简单地说,国际象棋的目的就是杀王,子是越下越少;围棋的目的是"圈地",子越下越多,地多者胜。这实际上就给计算机出了一个难题,用专业的术语来说,国际象棋的着法较易通过函数评估,而围棋的着法相对抽象,计算机不好计算。此外,围棋还有手筋、劫争、弃子等战术战略层面的技法。

也很可能正是这种原因,围棋一直被认为是人类智力对抗计算机的"最后堡垒"。

1. 围棋人工智能比国际象棋人工智能高深在哪

围棋人工智能长期以来举步维艰,顶级人工智能甚至不能打败稍强的业余选手。这似乎也合情合理。因为要是人工智能用暴力列举所有情况的方式,围棋需要计算的变化数量远远超过已经观测到的宇宙中原子的数量。这一巨大的数目,足以令任何蛮力穷举者望而却步。而人类可以凭借某种难以复制的算法跳过蛮力,一眼看到棋盘的本质。

围棋棋盘盘面有纵横各19条等距离、垂直交叉的平行线，共构成19×19（即361）个交叉点。当棋盘为空时，先手拥有361个可选方案。不同于国际象棋，围棋每回合的可能性更多，共有250种可能，一盘棋可以长达150回合。同时，围棋局面多变，无法被算法穷举。更专业点说，围棋难的地方在于它的估值函数非常不平滑，差一个子盘面就可能天翻地覆，同时状态空间大，也没有全局的结构。在游戏进行当中，它拥有远比国际象棋更多的选择空间。这两点加起来，使以往能在国际象棋中从容胜出的人工智能无法应对。

2. 阿尔法围棋与世界围棋冠军李世石的大战

李世石与阿尔法围棋的围棋人机大战为五番棋挑战，但无论比分如何将下满五局，比赛采用中国围棋规则，执黑一方贴3又3/4子，各方用时为2小时，3次60 s的读秒机会。五局比赛分别于2016年3月9日、3月10日、3月12日、3月13日和3月15日在韩国首尔进行。最终结果是人工智能阿尔法围棋以总比分4∶1战胜人类代表李世石。

3. 谷歌 DeepMind

DeepMind Technologies于2010年在伦敦成立，但是四年后，Google收购了这家公司。DeepMind最初是由Demis Hassabis、Mustafa Suleyman和Shane Legg创立的，他们都是人工智能的爱好者，有些人将他们视为深度学习的先驱者。

DeepMind的创始人之一哈萨比斯（Demis Hassabis），他16岁时就考入剑桥大学计算机系，22岁时创办了自己的计算机游戏公司。29岁时，哈萨比斯回到伦敦大学读认知神经学博士。之后，他关于大脑海马体与情景记忆关系的研究，被《科学》杂志评选为2007年"年度突破"。2011年，哈萨比斯创立了DeepMind。他的想法是，找到开发通用人工智能技术的方法。

哈萨比斯开发通用人工智能的方法接近于中间立场，具体就是：参照大脑处理信息的宏观方法来开发通用人工智能。功能型磁共振成像技术，已经可以让脑科学家观察大脑活动时的状态。通过这种技术，科学家发现，大脑会在睡眠时通过回放经验来学习，以便总结出一个通用原则。人工智能开发者可以效仿这种方法。

这就是DeepMind在开发人工智能时采用的机器学习技术：强化学习。使用了强化学习技术的程序，可以收集有关环境的信息，然后通过不断重复经验来学习进化。具体到围棋来看，程序在熟悉了围棋的规则之后，通过不断重复下棋来学习。如果程序走错了一步，输掉了比赛，下一次它就知道不该这么做。程序可以如此反复训练自己。阿尔法围棋就是在这个逻辑下开发出来的。

4. 阿尔法围棋的核心技术

阿尔法围棋的核心技术是将深度学习、强化学习和蒙特卡洛树搜索有机整合起来，使其既具有围棋的局部战斗能力，又具备围棋的全局观。总体而言，阿尔法围棋具有两套深度神经网络,即策略网络(policy network)与价值网络(value network)。策略网络选择下棋步法,即给定当前的局面,预测下一步如何走棋;价值网络则评估当前局面,即给定当前局面,估计是白方胜还是黑方胜。通俗来说就是,阿尔法围棋在与人的对弈中用了"两个大脑"来解决问题。一个"大脑"用来决策当前应该如何落子,另一个"大脑"来预测比赛最终的胜利方,如图5-12所示。

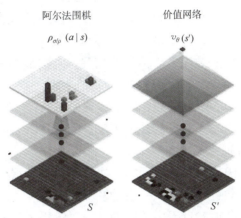

图5-12 阿尔法围棋所使用的神经网络结构示意图

阿尔法围棋首先从专业棋手的三千万手棋,通过监督学习的方式,训练深度卷积神经网络,学习人类围棋高手下棋的方式,这个策略网络称为"监督学习策略网络";接着,让两个训练好的监督学习策略网络对弈,从而训练一个更强的策略网络,称为"强化学习策略网络"。阿尔法围棋再利用强化学习策略网络对弈的数据作为输入,通过深度卷积神经网络训练价值网络。在对弈过程中,阿尔法围棋采用蒙特卡洛模拟方法,针对当前局面,根据策略网络的建议,有限制地向前模拟展开行为树,并用估值网络对每种走法的胜率进行估计,在展开足够的搜索后选择最优的下一手棋。

因此,阿尔法围棋本质上是在蒙特卡洛树搜索框架下,整合了深度学习和强化学习技术并将线下深度学习与在线高效搜索相结合,从而获取围棋问题的有效解法。虽然,阿尔法围棋只解决了计算机围棋的问题,但它在算法上比深蓝具有通用性,其思想可以被应用在多个领域,比如DeepMind最新的研究是让人工智能和人类玩家一起玩《星际争霸》这类电子游戏,而这类电子游戏是属于不完全信息博弈,因此比围棋人工智能更具挑战。

5.2.4 星际争霸的大师级玩家AlphaStar

2016年人工智能阿尔法围棋横空出世,在与韩国棋手李世石的对决中一战成名,让世人见识到了人工智能强大的实力。谷歌DeepMind在造就围棋界无敌的阿尔法围棋后,宣布与暴雪合作挑战下一个对手《星际争霸2》,这一举动也让星际游戏人工智能成为人工智能研究方向的热点。

1. 不完全信息博弈游戏的新挑战

《星际争霸2》（*StarCraft Ⅱ*）是由暴雪娱乐在2010年7月27日推出的一款即时战略游戏，是《星际争霸》系列的第二部作品。与国际象棋或围棋不同，星际玩家面对的是"不完美信息博弈"。在玩家做决策之前，围棋棋盘上所有的信息都能直接看到。而游戏中的"战争迷雾"却让你无法看到对方的操作、阴影中有哪些单位。这意味着玩家的规划、决策、行动，要一段时间后才能看到结果。这类问题在现实世界中具有重要意义。为了获胜，玩家必须在宏观战略和微观操作之间取得平衡。平衡短期和长期目标并适应意外情况的需要，对脆弱和缺乏灵活性的系统构成了巨大挑战。

这需要在几个人工智能研究挑战中取得突破，包括：

①博弈论：星际争霸没有单一的最佳策略。因此，人工智能训练过程需要不断探索和拓展战略知识的前沿。

②不完美信息：不像象棋或围棋那样，棋手什么都看得到，关键信息对星际玩家来说是隐藏的，必须通过"侦察"来主动发现。

③长期规划：像许多现实世界中的问题一样，因果关系不是立竿见影的。游戏可能需要一个小时才能结束，这意味着游戏早期采取的行动可能在很长一段时间内都不会有回报。

④实时操作：不同于传统的棋类游戏，星际争霸玩家必须随着游戏时间的推移不断地执行动作。

⑤更大的操作空间：必须实时控制数百个不同的单元和建筑物，从而形成可能的组合空间。此外，操作是分层的，可以修改和扩充。

为了进一步探索这些问题，DeepMind与暴雪2017年合作发布了一套名为PySC2的开源工具，在此基础上，结合工程和算法突破，才有了AlphaStar。

2. AlphaStar 的成长

DeepMind并不是第一个想要征服《星际争霸》的人工智能，在过去的几年时间里，以《星际争霸》为基础展开的人工智能研究一直在上演。最著名且历史最悠久的要数2010年开始由美国加州大学圣克鲁兹分校举办的人工智能与交互式数字娱乐大会AIIDE。每年都会有来自世界各地的大学或者实验室，带着自己的作品来这里进行比拼。AIIDE在比赛中提供了一个人工智能之间比赛的平台，就是最后获得冠军的人工智能机器会与一名人类选手进行较量。尽管这样的表演赛看起来更像是一个非正式的"助兴节目"，但是直到2017年，人工智能对阵人类选手还是难求一胜。此外，加州大学伯克利分校也一直在运行着一个长期项目OverMind，提供一个类似DeepMind的开源API，致力于挑战《星际争霸：母巢之战》游戏。

DeepMind创造了AlphaStar这个"代理人"。DeepMind研究员大卫·西尔弗

（David Silver）表示："AlphaStar已成为首个在任何职业电子竞技比赛中、在完全不受限制的情况下、在职业许可的条件下，达到了人类最高水平的人工智能系统。"在这款游戏中，AlphaStar比99.8%的注册人类玩家表现得更好，达到了大师级的水平。AlphaStar可以扮演游戏中的每个种族，即神族、人族和虫族。每个种族都有不同的能力和技术，这有利于不同的防御和进攻战略。AlphaStar最初是通过观察顶级人类玩家的游戏来学习基础知识的。然后，它进入"阿尔法之星联盟"（AlphaStar league），在那里，它不仅与自己对弈，还会扮演探索者，与自己较弱的人工智能版本对弈。训练确保了AlphaStar成为一个强大的对手，对抗所有三个种族和每一种战略。

北京时间2019年1月25日凌晨2点，DeepMind公布了其录制的人工智能在《星际争霸2》中与两位职业选手的比赛过程：AlphaStar 5∶0战胜职业选手TLO，5∶0战胜2018年WSC奥斯汀站亚军MaNa。除了比赛录像的展示外，AlphaStar还和MaNa现场来了一局，不过，这局AlphaStar输给了人类选手MaNa。

AlphaStar的成长历程如下：

2011年3月，DeepMind创始人Demis Hassabis提出了人工智能挑战星际争霸的目标。

2016年11月5日，暴雪宣布与DeepMind团队在星际争霸2领域展开合作。

2017年8月10日，暴雪宣布挑选出十万份匿名玩家的比赛录像进行数据支撑。

2018年6月，DeepMind公布星际争霸的人工智能最新研究成果，深度学习进行中。

2019年1月25日，AlphaStar首次公开亮相，11战10胜。

3. AlphaStar 的核心负责人 Oriol Vinyals

Oriol Vinyals是DeepMind星际2项目的核心负责人，也是曾经的《星际争霸》世界顶级高手。

Oriol Vinyals出生在巴塞隆那，15岁开始玩《星际争霸》，打出超强成绩，一度成为在西班牙排名第一、全欧洲排名第16的知名电竞玩家。不过他并没有走向职业电竞选手之路，反而选择投身计算机研究领域。

他从西班牙的加泰隆尼亚理工大学（University of Catalonia）完成电信工程及数学双学位之后，前往美国进修，在卡内基梅隆大学机器人学院完成了机器学习和计算机视觉的学位论文（undergrad thesis），接着又到加州大学圣地亚哥分校，取得计算机科学及工程（Computer Science and Engineering）硕士学位，2009年进入加州大学伯克利分校（UC Berkeley）攻读电机及电脑科学（Electrical Engineering & Computer Science）博士，他也参与了伯克利的Overmind计划。

Berkeley Overmind在游戏人工智能领域相当知名，Overmind其实就是取名于《星际争霸》游戏中虫族的"主宰"（Overmind）角色。这项专案深入研究利用各种人工智能计算技术，找出该采取什么样的步骤及策略以赢得比赛，简单来说，就是开发一个懂得如何攻打即时战略（real time strategy）游戏的人工智能机器人。在2010年的人工智能和互动数字娱乐（AIIDE）大会上，首次举办了星际争霸人工智能比赛（Starcraft AI Competition），在完整游戏模式类别，Overmind拿下了冠军，一战成名。

之后Oriol Vinyals进入了Google人工智能团队，负责为翻译系统打造新的技术。他曾经成功地让机器可以阅读复杂的图片，现在这项技术被应用在谷歌图像搜寻服务里，当用户输入关键字时，系统就会开始去"读"图像，呈现出结果来。

Oriol Vinyals在2016年1月加入DeepMind，挑战比下围棋还难的人工智能——教计算机打电玩，不靠输入死板的编码规则，而是只让计算机透过经验自主学习，用来训练机器的游戏环境就是Oriol Vinyals最擅长的《星际争霸》。在人工智能成为全球最优秀的围棋选手后，《星际争霸》成为下一个攻克目标。

4. AlphaStar 技术框架的新突破

AlphaStar学会打星际全靠深度神经网络，这个网络从原始游戏界面接收数据，这是输入过程，然后输出一系列指令，组成游戏中的某一个动作。这个神经网络经过了监督学习和强化学习的训练。总结起来，AlphaStar包括以下两个主要特点。

（1）深度学习+强化学习框架

无论是强化学习还是监督学习，其背后都是由人工神经网络支撑的。监督学习能够取得突破是因为他们训练数据中具有人工标识的标签，也就是自带正确答案，因此，能够确保得到一个结果。而强化学习过程，没有正确答案，只有一个用于评价决策优化程度的奖惩函数，难以实现初期的快速训练和对抗水平提高，特别是模型的收敛性，难以控制。为了保证训练效果和训练速度，使人工智能体快速达到较高博弈水平，AlphaStar开发团队首先让神经网络学习以往游戏回放数据和人类经验，通过监督学习方法缩短初期训练时间，然后利用强化学习赋予智能体自监督学习能力，使其在其环境自主交互的过程中，通过不断的试错实现进化和能力提升。据DeepMind科学家Oriol Vinyals和David Silver介绍，团队从许多人类选手那里获得了很多游戏回放数据，并试图让人工智能通过观察人类玩家所处的环境，尽可能地模仿特定场景下的特定动作，从而获得星际争霸游戏的基本经验。

（2）基于LTSM的长短时记忆强化学习训练

非完全信息博弈过程中，由于"战争迷雾"的存在，无法了解对手的全部信息，所以在进行决策时，需要对未知区域、未知对抗单元的行动及可能的策略进行预估，从而制定更为合理准确的决策。由于博弈过程是连续性的，所以在决策时需要综合过去和当前态势以及未来的可能性。

通常人们利用循环神经网络RNN来实现信息随时间的转移。一般来说，如果下一时刻的状态中包含当前的信息，那么这个传递过程中就被认为包含了记忆。如果过去的信息向将来不停地迭代，神经网络中就会含有历史的全部记忆，这有利于实现信息的综合利用，为博弈决策提供全面的依据。但这也会造成大量信息的冗余，带来不必要的存储空间浪费。与RNN相比，LSTM多了一层记忆细胞层，可以把过去的信息和当前的信息隔离开来，历史信息随着时间推进逐渐衰减，类似人类的遗忘机制，这样可以保证有价值且常用的经验保存下来，而在迭代训练中无用的试错信息渐渐淡忘。

除此以外，DeepMind还基于不同玩家游戏回放数据制作出了多个AlphaStar的进化版本和分枝态势，让它们按Alpha League联赛模式采用不同的战术策略两两捉对厮杀，通过自我博弈的快速训练不断迭代人工智能。

星际争霸人工智能的发展过程如下：

近几年，除了DeepMind以外，已经有越来越多的人工智能公司或者研究机构投身到开发游戏类AI的浪潮中，例如OpenAI和腾讯的AI Lab等。

2018年4月，南京大学的俞扬团队研究了《星际争霸2》的分层强化学习方法，在对战最高等级的无作弊计算机情况下，胜率超过93%。

2018年9月，腾讯AI Lab发布论文称，他们构建的人工智能首次在完整的虫族VS虫族比赛中击败了星际2的内置机器人Bot。

2018年11月，加州大学伯克利分校在星际2中使用了一种新型模块化人工智能架构，用虫族对抗电脑难度5级的虫族时，分别达到94%（有"战争迷雾"）和87%（无"战争迷雾"）的胜率。

归根结底，这些团队对游戏人工智能的热情，都源于打造通用型人工智能的这一终极目标：游戏人工智能的研发将会进一步拓宽人类对于人工智能能力的认知，这样的研究最终将探索人工智能是否能够通过游戏规则进行自主学习，达到更高层次的智能乃至通用型人工智能。例如，在游戏人工智能的设计中，增强学习算法的改进将至关重要。增强学习是一种能够提高人工智能能力的核心算法，它让人工智能能够解决具有不确定性动态的决策问题，如智能投资、自动驾驶、个性化医疗等，这些问题往往也更加复杂。

延伸：脑科学——未来类人智能

时至今日，大脑依旧是人类认知的黑洞。人类大脑约有1 000亿个神经元，它们如何连接以及连接错误导致精神错乱或是出现严重的神经性疾病，目前人类并没有弄清楚其中的奥秘。紧接着，全球人口老龄化时代的到来，阿尔茨海默病、帕金森病以及亨廷顿综合征等神经衰退性疾病日益成为人类的健康负担，人类迫切地希望知道大脑是如何工作的。

2013年4月2日，美国宣布启动脑科学计划（BRAIN Initiative），欧盟、日本随即予以响应，分别启动欧洲脑计划（The Human Brain Project）以及日本脑计划（Brain/Minds Project），国内科研圈亦对此反响强烈。

人工智能与社会

"中国脑计划"于2015年10月24日上线。据了解，"中国脑计划"的名称为"脑科学与类脑科学研究"（Brain Science and Brain-Like Intelligence Technology），主要有两个研究方向：以探索大脑秘密、攻克大脑疾病为导向的脑科学研究以及以建立和发展人工智能技术为导向的类脑研究。

"中国脑计划"主要解决大脑三个层面的认知问题：①大脑对外界环境的感官认知，即探究人类对外界环境的感知，如人的注意力、学习、记忆以及决策制定等；②对人类以及非人灵长类自我意识的认知，通过动物模型研究人类以及非人灵长类的自我意识、同情心以及意识的形成；③对语言的认知，探究语法以及广泛的句式结构，用以研究人工智能技术。

单元三　人工智能助力天气预测

大自然气象变幻莫测，令人捉摸不透。自古以来，人们便为了生产生活建立起来各种预测天气的方法。伴随着大数据、人工智能算法研究的发展，气象行业也在不断进步。

5.3.1　天气预报发展现状

天气预报的发展，经历了从定性预报、描述性预报向数字化、网格化预报的过程。比如，我国气象部门原来发布的城镇天气预报，内容只包括2 400多个城镇的天气现象、高低温和风速风向预报，频次也只是一天三次，预报的时间精度和空间精度不够高。

2012年，国家气象中心推出了一个新的预报产品，即大城市精细化预报，该产品把全国省会城市、计划单列市24 h内的天气预报进行细化，每6 h开展一次预报，降水量可以预报到毫米。但即便这样也不够精细，不能满足各行业及公众的需求。

于是，"网格预报"这一概念被引进到我国的精细化预报业务中。如何理解"网格预报"呢？可以这样比喻，就像地球上的经纬网一样，可以把中国以及每个城市所在的区域分解成许多个5 km×5 km甚至1 km×1 km的网格，而公众就是生活在这样的一个个网格中，每个网格中的天气情况也会有所差异。与原来的定点预报相比，它在空间上更加精细，也更具针对性。拿北京的预报来说，原来的预报只是以南郊观象台这一个点的气温、降水等来代表整个城市的天气情况，但通过开展网格化预报，北京的天气不再由一个定点来反映，针对北京的气象服务和天气预报可以精细地反映在整座城市每个不同的网格之中。

网格化预报的精细程度不仅体现在空间上，还反映在可以每天以更高频次更新和发布上。原来一天的天气预报只会涉及一种天气现象，现在网格化预报可以做到全国范围内逐小时预报。随时随地，公众都能了解到自己当前所处的网格未来是什么样的天气，能够清楚地了解气温、降水、风等多个基本气象要素。

除了对陆地上的网格进行预报外，气象部门还将我国的责任海区划分为多个 10 km × 10 km 的网格，并进行海上能见度、海上大风等要素的精细化预报。

5.3.2 人工智能对天气预报的影响

在所有可以体现智能化的气象前沿科技成果中，最重要的是数值预报和集合预报。高分辨率智能网格需要高分辨率区域数值预报模式支撑。比如，中国气象局数值预报中心研发的 GRAPES-MESO 和北京、上海、广东三个区域气象中心研发的中尺度高分辨率模式。各省级气象部门基于这些模式，开展数据处理、诊断分析、解释应用、交互订正等，最终形成国省协调、精准精细的智能网格预报。

气象部门还将发展结合物理机理与数值预报大数据挖掘应用的智能预报技术。一方面，基于数值预报机理的数理统计形成复杂预报模型、预报方法；另一方面，通过基于气象大数据的挖掘萃取、机器学习等，人工智能将与天气预报更深入地结合。

1. 增强天气预报的智能化

人工智能具有智能化和自动化方面的特征，自身有强大的综合分析能力，可以将预报人员从烦琐重复的劳动中得到解脱。在资料分析方面，同人工智能相关的服务技术可以对不同种类的气象资料进行快速整理，为预报人员提供便利；在短期预报方面，2017 年，研究人员将雷达回波资料与卷积神经网络 CNN 结合，开展了短期降水预报；在自动发布天气信息方面，通过对用户行为特征进行提取，检索用户的查看行为，根据用户需求提供所需的气象服务信息；在业务流程方面，随着科学技术的快速发展，高性能计算机自身的运算能力也得到增强，从观测到预报的业务流程所需时间大幅度减少，甚至出现了"观测即预报""观测即服务"。

2. 提高预测结果精准性

在天气预报发展的过程中，其复杂化的动力数值模式较为突出，为了增强其精准性水平，可以将气象大数据与人工智能技术结合，探索现代化的预报技术增强数值模式系统的分辨率，提高预报结果的精准性水平。在实践中因天气预报缺乏精准性和自身缺陷等因素的影响，很难满足实际发展需求，而选择数据驱动方式则可以改善这种问题。人工智能提供了一种解决难题的新思路。"天气预报本身就是大数据问题，涉及不同时间和空间上的海量数据，正是人工智能非常好的应用场景。"可以用人工智能算法把超级计算机的预报结果尽可能地、自动地、不用人工干预地修正到与实际观测数据更接近，以达到"天气预报越来越准"的终极目标。人工智能技术在气象预报中的应用，主要是通过数据挖掘技术提取海量集合预报数据的预报信息，通过最优百分位技术和台风路径选择最优集成方式，可使预报的精准性水平得到大幅度增强。在网络预报中引入人工智能技术，可以借助于时空记忆深度、分布式深度循环网络算法的方式，增强雷达外推预报准确率水平。

3. 缩小测量数据偏差

天气预报是在已知气象条件的基础上，借助超级计算机计算分析海量数据的信息，计算机结果同实际情况之间有偏差方面的问题，只有不断降低两者之间的偏差，才能有效增强天气预报的精准性水平。"天气预报是预测科学，不可能100%准确。"天气预报的本质是根据已知的气象条件，用超级计算器进行海量数据计算，但计算结果与真实天气状况之间不可避免存在偏差。把天气预报得更准确，就是一个不断缩小计算结果与真实情况差距的过程，这是现实世界中的难题。选择人工智能技术，可以对不同时间和空间数据值，实现修正过程中的自动化水平，进而缩小与实际测量数据之间的误差，以增强预测的准确性。人工智能用于观测数据的质量控制，国内一些气象科技企业做了很多工作；用于数值模式产品后处理，可以提高准确率和产品的时空分辨率，如中央气象台和清华大学合作研发的格点降水订正和超分辨率处理算法，可以保证准确率的同时，有着更高的计算效率，并能输出超高分辨率的智能网络预报产品。

中央气象台台风与海洋气象预报中心副主任钱奇峰称，将人工智能应用到天气预报在全球范围内都是热门话题。实际上，2018年的世界气象日主题就是"智慧气象"，中国气象局局长刘雅鸣指出，要充分应用大数据和人工智能技术，建设全覆盖、智能化的气象预报业务体系，做出更精准的天气预报。

5.3.3 人工智能助力天气预测的应用案例

1. 防汛："科技大脑"智慧决策

在防汛抗洪中，创新科技成为利器。从气象和水情预报预警到上天入地的科技设备，再到大数据、人工智能等前沿技术，科技应用让防汛抗洪更智慧。

气象服务是防灾减灾的第一道防线。近年来，我国的气象预报预测技术不断跨越升级，预报预测准确率大幅提升。2019年，我国暴雨预警准确率已提高到88%，强对流预警时间提前量达38 min，台风路径预报水平保持世界领先。图5-13所示为"智水苏州"系统架构图。

在江苏省苏州市水利水务信息调度指挥中心，一款名为"智水苏州"的防汛"科技大脑"把辖区内的水情信息、易涝点位、物资储备等防汛重点信息尽收眼底。精细化降雨预报、城市内涝预报预警、防汛综合指挥、智能物资管理……"智水苏州"打破了传统行业管理局限，实现城市、河道、环境管理等多部门信息共享与协同，形成"视频输入—算法识别—取证录入—工单派发—处理反馈"的事件全流程闭环操作。

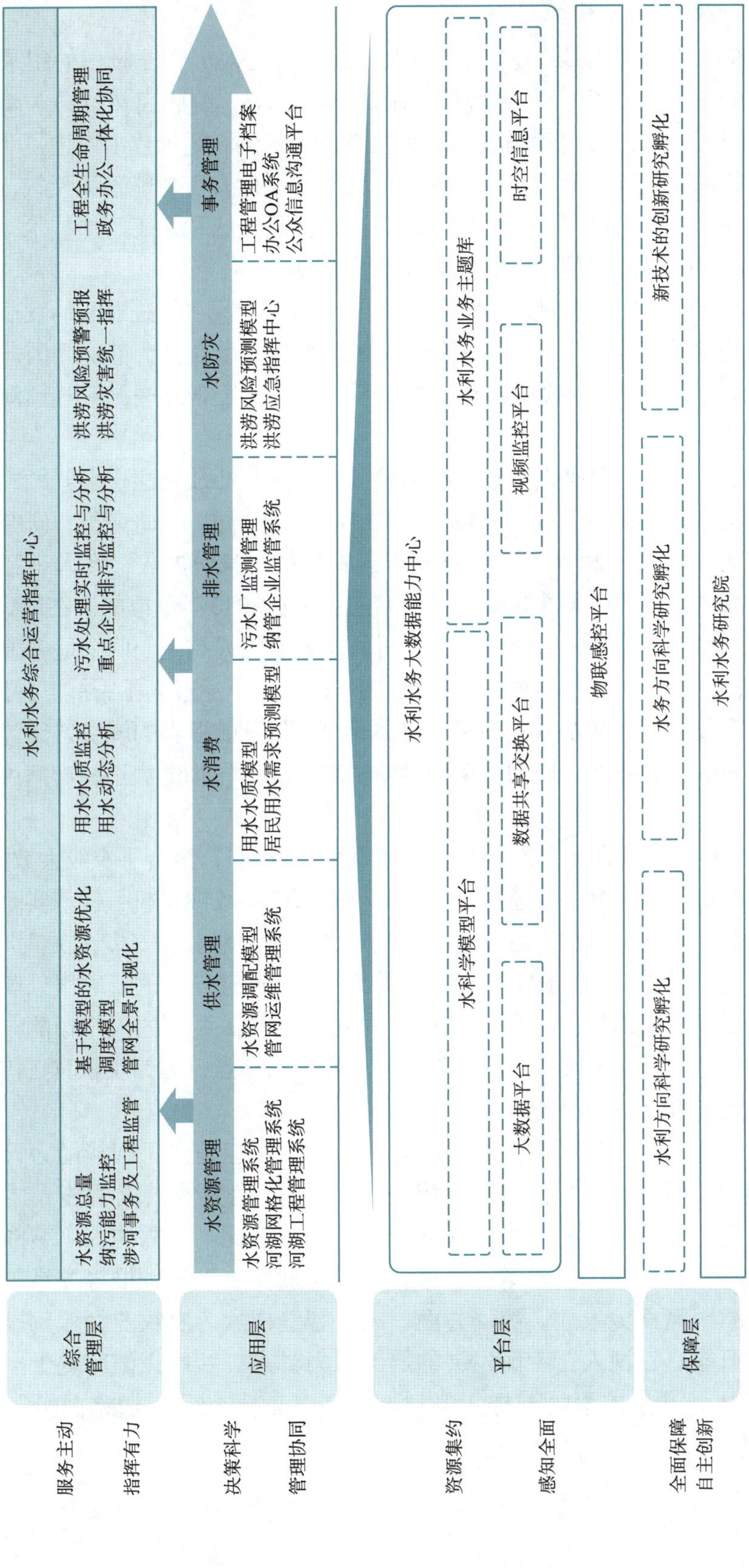
服务主动
指挥有力
综合管理层
水利水务综合运营指挥中心
水资源总量
纳污能力监控
涉河事务及工程监管
基于模型的水资源优化
调度模型
管网全景可视化
用水水质监控
用水动态分析
污水处理实时监控与分析
重点企业排污监控与分析
洪涝风险预警预报
洪涝灾害统一指挥
工程全生命周期管理
政务办公一体化协同
决策科学
管理协同
应用层
水资源管理
供水管理
水消费
排水管理
水防灾
事务管理
水资源管理系统
河湖网格化管理系统
河湖工程管理系统
水资源调配模型
管网运维管理系统
用水水质模型
居民用水需求预测模型
污水厂监测管理
纳管企业监管系统
洪涝风险预测模型
洪涝应急指挥中心
工程管理电子档案
办公OA系统
公众信息沟通平台
资源集约
感知全面
平台层
水利水务大数据能力中心
水利学模型平台
水利水务业务主题库
大数据平台
数据共享交换平台
视频监控平台
时空信息平台
物联感控平台
全面保障
自主创新
保障层
水利方向科学研究孵化
水务方向科学研究孵化
新技术的创新研究孵化
水利水务研究院

图5-13　“智水苏州”系统

2. 为农业赋予人工智能

2019年9月5日，中国第一部从社会人文角度呈现人工智能应用的纪录片《你好，AI》在国家博物馆举行展映活动。在《你好，AI》的《自然物语》单元中呈现了一个人工智能助力天气预测服务农业生产应用案例。纪录片中讲述了北京的一个人工智能技术团队为内蒙古草原上的一位种草人提供人工智能预测天气，帮助种草人全面地掌握具体的牧草的长势情况，并通过卫星遥感和人工智能技术，给出收割牧草地具体时间，避开阴雨天气晾晒牧草的故事。

天气、气候等自然因素是农业发展的主要影响因素。在传统农业的发展中，农耕作业一直是"看天吃饭"，以顺应天气或气候的改变、交替为前提。因此，对农业气象的管理，从"看天吃饭"，到"知天而作"是人工智能进行天气预测服务农业生产的目的所在。

纪录片中为种草人提供人工智能技术服务的团队核心成员之一名叫顾竹，美国纽约州立大学博士毕业后，成为NASA（美国航空航天局）的研究员，研究遥感影像的深度学习与应用。2016年，顾竹以产品副总裁的身份加入一家人工智能产品公司，这家公司是顾竹前同事NASA科学家的张弓在2013年创办的。在NASA的时候，顾竹和张弓是一个办公室的同事，当时办公室里只有他们两个是中国人。

对于智慧农业的发展，顾竹表示："我们一直致力于通过人工智能、深度学习、大数据这些手段，切实解决农业发展存在的问题。"目前提供的解决方案包括耕作准备、土壤分析、播种路径规划、苗期种植密度监测、作物健康追踪、病虫害预测和管理等。

以顾竹为核心技术人员开发的数字农业系统"耘境"，集合了农业大数据获取、存储、分析以及可视化模块，通过个人计算机、智能平板或手机，便能实时了解或预测对天气变化以及农作物的生长情况，及时进行或调整农事安排、农机调配、农药喷洒等活动。通过耘境，做到"知天而作"，首先通过庞大的云端气象模型，再结合实时从卫星采集的气象数据，"耘境"能够提供未来两周的天气预测。相对而言，每天播报的精准的天气预报反而不能解决真正的痛点，因为农耕真正需要的是对于较长时间内的趋势的预测。

虽然人工智能在天气预报方面发挥着重要作用，但是人工智能助力天气预测并不是一帆风顺的。一方面，在天气预测行业招揽优秀的人工智能人才并不容易。目前人工智能领域存在严重的人才分布不均衡情况。优秀的人工智能人才大多聚集在自动驾驶、计算机视觉等领域，而矿业勘探、天气预报等关系国计民生的领域却很难聚集顶尖人才。另一方面，人工智能技术为农牧业领域预报天气还存在误判的可能。正视人工智能发展的层层阻力，人工智能正像历史上出现的其他推动人类社会进步的事物一样，必然要经历"前景光明，道路曲折"的发展模式。

思考： 人工智能预报天气是否跟人类预报员存在竞争

关于人工智能预报天气和人类预报员的预测结果谁更准确的问题，在业内人士看来，是一个伪命题。人工智能在气象领域更多是一种技术，它和人类预报员之间不存在竞争和淘汰的关系。目前，人工智能技术可帮助预报员做普通的、常规天气的精准预报，但在一些灾害性、极端性、转折性的天气过程中，仍需要预报员利用天气学知识、长期积累的预报经验发挥作用。

单元四 人工智能与电子商务

人工智能已经在金融贸易、医药、诊断、运输、远程通信等多个领域展现其重要价值，在电子商务领域也大显身手。在过去的十多年中，我国的电子商务行业发展迅猛，给消费者生活带来极大的便利。为了提升运营效率、提高服务质量，各个电子商务平台也在积极探索、不断创新，以寻求更大的空间来满足消费者的需求。人工智能技术在电子商务中的应用为其发展开辟了新的发展思路与模式，为电子商务行业价值提升提供了新的可能。

5.4.1 智能推荐

1995年3月，卡耐基·梅隆大学的Robert Armstrong等在美国人工智能协会上提出个性化的导航系统Web Watcher；斯坦福大学的Marko Balabanovic等在同一会议上推出了个性化推荐系统LIRA；1997年AT&T实验室提出基于协作过滤的个性化推荐系统PHOAKS和Referral Web；2001年，IBM公司在其电子商务平台Websphere中增加了个性化功能，以便商家开发个性化电子商务网站。2011年9月，百度世界大会2011上，李彦宏将推荐引擎与云计算、搜索引擎并列为未来互联网重要战略规划以及发展方向。百度新首页将逐步实现个性化，智能地推荐出用户喜欢的网站和经常使用的App。

推荐系统最早应用于电子商务，是利用电子商务网站向客户提供商品信息和建议，帮助用户决定应该购买什么产品，模拟销售人员帮助客户完成购买过程。个性化推荐是根据用户的兴趣特点和购买行为向用户推荐用户感兴趣的信息和商品。推荐系统正是通过有效地采集和分析这些数据，来决定推送的产品和服务。早期的推荐系统只根据对象用户的所有行为做出推荐，随着计算机处理能力的进化和数据的爆炸式增长，协同过滤给推荐系统带来了翻天覆地的变化。协同过滤将物品之间的关联引入评价体系中，推送的准确性更高，达到了更好的推送效果。

推荐系统主要有三个重要的模块：用户建模模块、推荐对象建模模块和推荐算法模块。推荐系统把用户模型中的兴趣需求信息和推荐对象模型中的特征信息匹配，同时使用相应的推荐算法进行计算筛选，找到用户可能感兴趣的推荐对象，然后推荐给用户。智能推荐有多种推荐方法，如基于内容的推荐、基于协同过滤的推荐、基于关联规则的推荐、基于效用的推荐、基于知识的推荐、组合推荐等。

基于内容的推荐是建立在项目的内容信息上做出的推荐，不需要依据用户对项目的评价意见，更多需要用机器学习的方法从关于内容的特征描述的实例中得到用户的兴趣资料。例如基于产品流行度的推荐。在许多网上商城中，为了保证用户使用的方便性以及对用户信息隐私的保护，常常会遇到无法获取用户信息，但仍需要对用户进行推荐的情况，因此，在这一类场景中，需要对用户进行非个性化推荐；即使在缺少用户信息的情况下，也尽最大可能为用户推荐其最感兴趣的产品。可以根据产品的评论数、好评数、销量、搜索次数、收藏数等多维度进行流行度计算，然后根据产品的流行度，对产品进行评分。再按照评分对产品进行排序，将排名最高的产品在相应页面位置中进行展示推荐。

基于协同过滤的推荐技术是推荐系统中应用最早和最为成功的技术之一。协同算法可以分为对用户的协同和对物品的协同。用户协同计算的是用户之间的相似度。它一般采用最近邻技术，利用用户的历史喜好信息来计算用户之间的距离，然后利用目标用户的最近邻居用户对商品评价的加权评价值来预测目标用户对特定商品的喜好程度，从而系统根据这一喜好程度来对目标用户进行推荐。例如，用户1、2、4，都喜欢Item1和Item2，所以称他们为兴趣相同的用户，又因为用户2和用户4都喜欢Item4，所以把Item4推荐给用户1，如图5-14所示。

协同过滤最大的优点是对推荐对象没有特殊的要求，能处理非结构化的复杂对象，如音乐、电影、艺术品等。例如，京东两个用户A和B都购买了同一款电子产品，说明他们的需求、品位相似，用户之间的距离相近。如果两个人购买的产品类型相差较多，他们的距离就拉大了。距离相近的用户被划分在同一个邻集中，同一个邻集中的用户具有较强的相关性。

对物品的协同依据的是同一用户对不同物品的打分差异来生成物品之间的距离，物品之间的距离，往往是通过成百上千的用户的评分计算出的具有相对稳定的特点，因而推荐系统可以预先计算距离，并生成推荐结果。例如，喜欢Item2的用户也喜欢Item3，因为用户1喜欢Item2，所以推荐Item3给用户1（粗线），如图5-15所示。

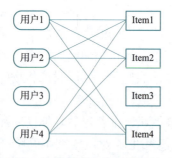

图5-14 基于用户的协同过滤

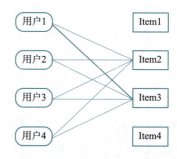

图5-15 基于物品的协同过滤

此外，还有基于深度学习的推荐。相比传统的推荐算法，基于深度学习的算法可以得到较好的推荐效果。在实际应用中，可以根据不同场景的使用需求，使用不同节点来进行"会话"划分。例如，在用户支付完成之后的推荐页面场景中，可以根据"购买"行为对用户在商城中的行为进行会话节点划分；同时考虑用户在长期与短期的偏好，通过用户长期历史有效性较高的行为，如购买，评量用户长期的稳定偏好。并且通过用户在一会话内的短期行为，如浏览、点击、停留等，来判断用户在短期内的爱好。最后再结合两者考虑用户与产品之间的联系。

5.4.2 人工智能在电子商务中的应用

1. 智能推荐引擎

推荐引擎是建立在算法框架基础上的一套完整的推荐系统。通过利用深度学习算法，在海量数据集的基础上分析消费者日常搜索、浏览与购买行为，并分析、预测哪些产品可能会引起消费者购买欲望，将得到的合理购买建议推送到消费者个人页面，帮助消费者快速找到所需要的产品，从而为消费者提供个性化推荐与服务。许多电商公司，如阿里巴巴、京东商场等都使用推荐引擎来分析产品的受众人群，如图5-16所示。

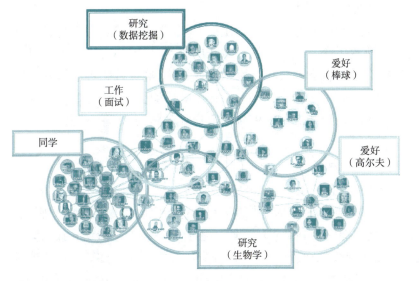

图5-16 推荐和个性化预测　　　　　　　　　　扫码观看图5-16彩色图

通过大数据、贝叶斯算法等，实现智能推荐功能，降低用户选择成本，包括：

①基于搜索、已购和浏览记录的兴趣推荐（相似品、互补品算法，高频、低频等）。

②基于用户访问时间的活跃性推荐（根据时间推测用户可能的使用场景，然后做出推荐）。

③基于位置信息的推荐（检查用户是否处于线下商圈，是否需要推荐店铺）。

人工智能与社会

④基于社交属性的推荐（根据好友关系、社交行为等，猜测用户可能需要的商品）。

2. 图片智能搜索

消费者的需求与电商平台展示的商品是通过搜索环节联系起来的。但随着消费者对于商品特定性、精准化的需求，消费者通过基于文本的搜索行为有时很难直接找到想要的商品。通过计算机视觉与深度学习技术，可以使得消费者快速找到所需要商品。只需要将感兴趣的商品图片上传到电商平台，人工智能就可以根据图片中产品的款式、颜色、品牌等特征，为消费者推荐同款或相似类型产品的销售入口。图片搜索的应用，建立了商品从线下到线上的联系，极大地缩短了消费者搜索商品的时间，降低了用户的时间成本，提高了消费者的用户体验度。

3. 人工智能客服

智能客服机器人融合了机器学习、大数据、自然语言处理、语义分析和理解等多方面人工智能技术，其主要功能是能够自动回复顾客咨询的问题，对顾客发送的文本、图片、语音进行识别，能够对简单的语音指令进行响应。智能客服机器人可以有效减少人工成本、提升服务质量、优化用户体验，最大限度地挽留夜间流量，同时也可以替代人工客服回复重复性问题。

京东自2012年下半年起上线智能机器人JIMI。其累计服务用户已经破亿，并于2016年9月7日正式发布开放平台，免费向第三方开放使用。2017年3月，阿里巴巴发布了一款智能客服机器人"店小蜜"，这款面向淘系千万商家的智能客服其经过商家调试和授权之后，可以取代一些客户服务，减少人工客服的工作量，同时保证回复消息的及时性。据估计，到2025年，95%的客户互动将由人工智能驱动完成，包括实时电话和在线对话等。

4. 库存智能预测

多渠道库存管理是电子商务行业所面临的主要问题之一。库存不足时，会导致客户流失，降低用户的体验感，补货所浪费的时间会对商家的收入带来极大影响。但若库存过多，对库存空间提出较高要求的同时，还要面临着库存积压导致的营业风险和资金的需求增加。因此，准确预测库存对商家的经营至关重要。库存智能预测可以识别订单周转的关键因素，通过建立的模型计算出这些因素对产品周转和库存的影响，同时该模型可以随着时间的推移不断学习从而变得更加智能，使得库存的预测更加准确。

5. 货物智能分拣

随着电商行业的不断发展，我国物流行业配送范围迅速拓展，从包裹品种角度来讲，包括大件包裹、小件包裹、活物件、医疗件等。目前，快递包裹数量增加，配送的站点增多，快递分拣呈现出小批量、多品种的特点。单凭传统的人工分拣无法快速、准确地实现分拣任务，同时影响物流配送效率与服务质量。

智能机器人进行分拣不仅灵活性高，还有较强的适应性，对场地要求性较高，可以根据需要分拣包裹的数量来对机器人数目进行增减。智能分拣使得货物分拣更加及时、准确，同时在分拣环节中，货物的搬运次数也随之减少，使得货物的安全性与完整性更有保障。

6. 理解趋势和读懂消费者

其实有大量的用户信息是隐藏在图片中的，根据用户浏览的图片，可以让机器从中学习到最近某品类的流行趋势（如规格、风格、颜色材质等），这是商品生产者的最爱，也是平台和供货商谈判的重要依据。

随着社会发展与进步，人们越来越注重个性化的需求，电子商务也需要改变销售模式来顺应当前人类的个性化需求。通过大数据、贝叶斯算法等相关人工智能技术，实现智能推荐与个性化服务。可以根据消费者搜索、已购商品、浏览记录进行兴趣推荐；根据消费者对每种商品访问时间的活跃性进行合理推荐；根据消费者所处位置信息，推荐附件的商圈及店铺，促进线下线上的融合发展；根据社交行为、好友关系来推断消费者所需要的商品。

5.4.3 "信息茧房"与"大数据杀熟"

虽然人工智能发展迅速，但由于人工智能技术的应用具有不确定性，随着人工智能相关技术在电子商务、新闻信息、社会治理、交通出行等行业的应用，逐渐出现信息茧房、算法合谋、算法歧视、法律伦理等方面的问题和挑战。

1. 数据分析画出"用户画像"

之前，我们介绍了智能推荐，即通过一些数学算法，推测出用户的兴趣爱好，然后自动给用户推荐其感兴趣的内容。基于大数据分析，算法推荐可以快速为用户精准匹配其感兴趣的内容，大大提高了用户获取信息的效率，为人们的生活带来便利。例如，今日头条客户端较早地运用算法推荐，会分析用户的兴趣爱好，自动为用户推荐喜欢的内容，并且越用越懂用户。在今日头条客户端，点击一条关于茶叶的消息，往往就会持续收到各种关于茶的养生知识和广告推送。目前，很多客户端都加载了算法推荐功能。

算法推荐凭借其独特的优势，满足了用户的个性化、定制化需求。现在，很多网络平台通过算法推荐，能够分析用户的个性化特征，包括用户的兴趣点、使用时间、地理位置、职业等。算法推荐会根据用户的浏览记录、阅读习惯，精准为用户画出"用户画像"。画出"用户画像"后，算法推荐就可以把关联信息精准推送给用户。同样的客户端，在不同用户的使用下，变得"千人千面"。运用算法推荐的客户端以用户为核心，推送定制化的内容。

算法推荐应用越来越广泛，在信息传播、广告营销等多个领域都派上了用场。算法推荐不仅仅停留在大数据分析层面，还能通过机器学习优化推荐。当用户收到个性化推荐后，算法还能够根据用户的停留时长、屏蔽、转发、评论等使用痕迹，

"揣摩"用户的"心理",更加全面地勾勒出用户的消费画像。一旦用户的兴趣等发生改变,算法推荐也能动态掌握用户的最新"画像",如图5-17所示。

2. 过度迎合用户形成"信息茧房"

算法推荐技术在移动互联网时代大显身手,受到广泛重视。不过,算法推荐在给用户带来方便的同时,也产生了一些问题。

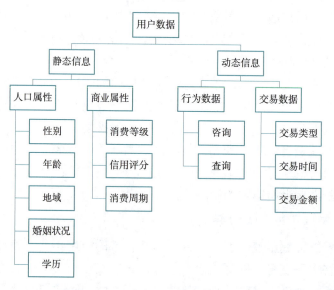

图5-17 用户画像元数据采集

"信息茧房"问题就是被业界诟病的问题之一。在大数据和人工智能算法的支撑下,信息传播迎来了信息个性化推荐的时代。信息个性化推荐可以快速完成用户与信息的精确匹配,降低用户获取精准信息成本,为个性化高质量信息获取带来便利。但同时用户可以轻易过滤掉自己不熟悉、不感兴趣的信息,"只看想看到的内容,只听想听的内容",最终在不断重复的过程中强化了固有偏见和喜好,形成"信息茧房"。算法推荐不断为用户推荐其感兴趣的内容,让用户的信息选择面收窄。个性化推荐仿佛以用户的兴趣为用户筑起了一道"墙",形成"信息茧房",导致用户视野受限。

3. 大数据杀熟

所谓大数据杀熟,是指平台企业通过收集、追踪用户数据,利用数据挖掘技术对用户进行分类和预测的基础上,对具有一定黏性的用户进行歧视性定价,从而获得差额利润的行为。具体而言,表现为平台上同一商品或者服务会员的定价可能高于普通用户,而普通用户的定价可能高于新用户和潜在用户。

"大数据杀熟"主要的逻辑:只要你在互联网上有留下痕迹,企业就可以通过各种手段,包括但限于买卖数据、滥用权限等来获取用户的访问记录、浏览记录、购买记录等行为数据,收集消费者的信息,分析消费偏好、消费习惯、收入水平等信息，建立用户画像，对不同群体以及不同行为的用户进行归类，方便实施不同的营销手段，以达到利益最大化的差别化价格策略。用户画像对个人基本属性、兴趣爱好、购物偏好、社交属性等进行分析，为每位用户打上专属标签。对用户画像加上机器学习、人工智能技术，可以用来做精准营销，分析产品的潜在客户，针对特定用户群体进行推销。

"大数据杀熟"就是基于大数据的人工智能算法。"人工智能+大数据技术"是一把双刃剑，初衷是把数据转换为知识，利用人工智能辅助决策，实现"千人千面"的精准匹配，让现代企业具备无限提升效率和精准服务的可能。然而这把"利剑"也被各类网络平台用于悄无声息地侵蚀"消费者剩余"。网络平台借助大数据技术，对消费者精准靶向营销，不同用户不同定价，特别是一些对价格不敏感的消费人群，溢价提供服务，从而出现了越是老用户价格越高、买会员买到的不是优惠而是高价的怪现象。

4."大数据杀熟"的技术隐忧

毋庸置疑，数字时代，建立在海量数据和高效算法之上的数据挖掘技术极大地为平台企业赋能，使其能够精准识别消费者的偏好、需求、支付意愿和支付能力，提供更为精准、个性的商品和服务。但与此同时，数据和算法可能致使平台企业利用"信息权力"针对终端消费者实施剥削性和歧视性定价。

与很多人观念中认为的"大数据杀熟"是"千人千面千价格"的逻辑有所不同，"大数据杀熟"是特定算法程序批量分析和执行的结果。只要符合设定特征的用户群体就会被程序筛选出来并受到类似对待，因此虽一定程度上体现了"个性化定价"特质，但实际上具有批量化、数据化、平台化特征。

其实，由于"大数据杀熟"具有极强的数据依赖特性，因此在平台自行收集和追踪用户数据之外，数据进行标签化归类后还可能进行再次交易。所以在数据标签化时代，不仅单个平台上的"大数据杀熟"现象值得警惕，跨场景、跨类型的平台间利用数据挖掘技术对特定标签的用户群体进行歧视化定价甚至达成"算法共谋"的情形更加令人担忧。因为后一种情形中，用户所受到的差异化待遇是跨越平台和场景的，具有更强的隐秘性。

思考："大数据杀熟"如何监管与治理

从纯技术上讲，数据和技术是中性的，但最终的走向却让人深感忧虑。以互联网、大数据、人工智能、5G等为代表的数字技术正加速渗透经济社会各领域，各种互联网平台已成为人们高度依赖的工具。人们面对自己的隐私数据在各类平台"裸奔"已是无力抵抗。"大数据杀熟"的技术性、数据性、隐蔽性极强，不仅难以被用户发觉，即使知晓后也难以通过个体化的方式有效反制。例如，有的用户通过卸载、重装、利用不同信息重新注册的方式试图规避，却发现徒劳无功。

"大数据杀熟"的监管与治理面临着诸多难题，有待深入研究。一是因为"大

人工智能与社会

数据杀熟"与传统差异化定价之间的边界并不完全清晰，容易发生概念混淆。二是因为"大数据杀熟"多发生在网约车、外卖送餐等服务业领域，而服务品的异质性普遍高于鞋、衣服等制造品。三是因为新经济业态具有多元性和复杂性，而算法技术往往又是隐蔽的，这使得"大数据杀熟"行为在实践中也难以被观察和识别。

面对大数据价值挖掘的巨大诱惑，以人工智能和大数据技术发展衍生出来的技术伦理和监管缺位的问题亟待解决。在"大数据杀熟"场景下，各类数据挖掘技术只是分析和执行的工具。对消费者"杀熟"的主体仍然是处于网络生态中基础单位、核心枢纽和关键纽结的平台企业。

总体上，对"大数据杀熟"的监管与治理应遵循三条基本原则。一是价格形成机制应以市场化为导向，尽可能地避免不正当的平台操纵或行政干预。二是保护消费者正当权益，尤其是保障个人数据不被违规使用。三是维护市场公平，促进市场竞争，降低交易摩擦。

在上述三条原则的基础上，当前阶段可重点从以下四个方面着手，对"大数据杀熟"加以监管和治理。第一，建立健全相关法律法规，在制度层面规范平台企业的定价行为，约束平台企业收集和使用数据的行为。第二，在政府层面设立专门的监督检查机构，对相关行为进行指导、规范、监督、处罚，建立成立"数字经济发展与监督管理委员会"。在司法层面尽快树立若干的典型案例，发挥正反两方面的示范作用，从而规范和引导平台企业的定价行为。第三，加强行业自律，在行业协会层面加快制定相关的行为规范和标准，利用同行之间的监督机制共同促进平台经济领域企业行为的规范化。第四，加强消费者个人数据保护，探索建立平台企业信用评价机制和第三方数据托管机制。

我国《电子商务法》第17条规定了消费者的知情权和选择权，第18条规定电子商务经营者应当向消费者提供不针对其个人特征选项的商品或者服务搜索结果。治理"大数据杀熟"还需"技术+监管"双管齐下：鼓励开发"反杀熟"的大数据技术、使用技术类的监控平台、监管部门出重拳整治、立法立规来监管平台的"大数据杀熟"问题。

单元五　人工智能助力宇宙探索

人类总是仰望星空，人类对于未知的太空抱有无比强大的好奇，探索宇宙的奥秘也许将成为伴随人类历史的永久任务。人工智能或许能成为人们到达远方的加速引擎。

5.5.1　人工智能帮助人类描绘月球地图

身处数据洪流的时代，如何有效地采集、分析、挖掘数据是每个公司和研究机构必须面对的难题。尤其是在太空探索领域，产生的数据量难以估计，若能在最短的时间内进行最准确的数据分析，太空探索的广度和深度将会进一步扩展。英特尔正把人工智能技术应用到NASA的太空研究中，协助研究人员从大量卫星图像中攫取并分析海量数据，从而获得有价值的信息。如果要搜寻地外资源，在月球上建立基地很重要。NASA前沿发展实验室主管詹姆斯·帕尔介绍说："制作月球地图非常困难，就像大量拼图碎片，但是我们却没有盒子，靠人类自己需要花12 000年去解决这个问题。"

2017年，英特尔在美国圣克拉拉园区举行了NASA前沿发展实验室（FDL）分享会。作为前沿发展实验室的重要合作伙伴，英特尔为其当前的研究提供支持，协助探索如何通过人工智能解决太空天气、太空资源和地球防御等领域的一系列挑战。作为该项目的一部分，英特尔支持并指导使用英特尔Nervana深度学习技术的研究人员，帮助其解决制作月球两级详细地图的复杂挑战——这是一项棘手的挑战，包括在极区的重度阴影区检测陨石坑和其他特征，以及解决制作整体地图所需的图像伪影和注册挑战。如果单靠人工来做，需要好几周才能完成月球的一个小截面。研究团队使用英特尔的一个平台，开发了一个套深度学习算法，可以在几秒内辨识上千个月球坑。

利用人工智能研究月球表面的技术正在帮助天体物理学家绘制一幅更完整的月球地图。同时，人工智能也能实现对星球表面坑洼的鉴定及分类，让科学家更好地了解过往天体的运动状况。其中应用的算法与人脑处理信息的方式相似，其训练所用图像由月球勘测轨道飞行器提供。在用月球表面1/3的图像训练后，它能在测试所用的其他月表图像中，以92%的准确率识别出已知火山口，并发掘出6 000个之前研究人员未发现的火山口结构。

研究团队展示了深度学习在大幅提高速度的同时，可以达到和人类专家同样的效果，这也说明太阳系中所有岩石物体的详细地图可以使用深度学习技术自动完成绘制，也可以支持未来的商业太空任务。宾夕法尼亚州立大学的天体物理学家阿里·西博特表示，此前也有其他替代人工识别火山口的算法，虽然能达到较高速度和准确率，但它们并不善于从训练数据以外的图像中识别目标结构。该项目的主导人之一，多伦多大学天体物理学家穆罕默德·阿里德表示，这项技术已可以应用到水星图像上，并能在识别火山口时达到与其在月球图像上的表现相仿的精度和速度。这也进一步证实它可以帮助研究人员探索其他人类尚未尝试大范围识别地表结构的星球。

5.5.2　人工智能与中国天眼

"中国天眼"（Five-hundred-meter Aperture Spherical radio Telescope, FAST, 见图5-18）是我国为了深入观测宇宙而建造的大型地面射电望远镜，其单口径面积位居世界第一，达到500 m。自从2016年"中国天眼"落地启用以来，便通过它超强的观测能力发现了一颗又一颗的脉冲星。当然，除了脉冲星以外，"中国天眼"也还有其他观测任务，如"发现快速射电暴""地外生命探寻"等共计五大科研目标。从"中国天眼"的战绩可以看出，这台射电望远镜的实力不俗，根据专家指出，射电望远镜的口径越大，其灵敏程度也就越高，进而决定着观测能力。天眼正式启用以来，已经发现了56颗脉冲星，其中有40颗是新发现的脉冲星，为人类探索研究脉冲星做出了巨大贡献。

图5-18　中国天眼

除了搜索脉冲星之外，"中国天眼"还有更重要的科学目标，包括探测中性氢，以揭示宇宙膨胀、星系形成及演化的奥秘，以及搜寻可能存在的外星生命等。可以说，拥有世界领先的绝对灵敏度，让"中国天眼"拥有无限的可能。在某些射电望远镜无法看到的微弱信号上，"中国天眼"将会清晰地探测到，如2018年，人类发现首个最暗弱的毫秒级脉冲星信号，在其他国家都没有反应的时候，"中国天眼"就发现到了它的存在，所以，"中国天眼"的实力是毋庸置疑的。但是，观测实力的提升背后也带出了一些问题，例如，观测得到的数据该如何筛选，进而找到人们想要的研究信号呢？

中国科学院国家天文台朱炜玮研究员表示，在之前，研究人员每天都需要从上百万个的图像中进行人工鉴别，但是很多都是没有作用的图像，这是因为其中掺杂了一些来自人造天体和地面传来的信号，因为这些信号的干扰，导致后台研究人员鉴别起来会比较烦琐。之所以会发生这种情况，还是因为"中国天眼"的观测能力太强，正因为它的灵敏度高，接收到的电磁波多，所以，才会给研究人员带来海量的观测数据。

近年来，随着人工智能科技的发展，我们已经在"中国天眼"中加入了人工智能筛选图像的技术，通过这项技术，能够识别一些来自人造天体和地表装置产生的信号，进而将其排除，这样研究人员观测的时候就会比较轻松。更重要的是，通过人工智能筛图技术，还能大大提升观测的效率，让宇宙现象发现得更加及时。

5.5.3 从博弈论角度看区块链

1. 区块链

区块链是一门综合技术，建立在计算机科学、密码学和经济学等研究的基础上。为了理解区块链的工作原理，我们需要了解对区块链最重要的经济学支撑——博弈论。

2. 博弈论

博弈论是研究多个个体之间的收益与奖励，以及如何使用它们来分析一次性和持续性游戏中的激励因素。博弈论应用到区块链的核心就是共识机制，让链上所有参与者就同一问题达成统一意见。博弈论是研究战略决策的理论。由冯·诺依曼和奥斯克·摩根斯坦于1944年提出。从那时起，博弈论在各种领域和技术上得到了广泛的应用。

（1）博弈论模型的组成部分

一个博弈论模型至少有三个组成部分：

①决策者，如公司董事长。

②战略，为了推动公司发展而做出的决定。

③回报，策略的结果。

（2）博弈论的类型

①零和游戏：一种以牺牲另一个玩家为代价换取一个玩家的收益的游戏。

②非零和游戏：一个玩家的收益不以另一个玩家的损失为代价的游戏。

（3）最关键的两个博弈论

①纳什均衡。纳什均衡是博弈论的一个解决方案。其是假设每个参与者都知道其他参与者的策略，没有参与者可以通过改变自身策略使自身受益时的一个概念。

②谢林点。经济学家约翰·托马斯·谢林做了一个实验，让一群学生回答一个简单的问题："明天你要去纽约见一个陌生人，会和他约定何时何地见面呢？"他发现最常见的回答是："中午在中央车站。"之所以会发生这种情况，是因为中央车站对于纽约人来说是一个自然的焦点，焦点也被称为"谢林点"。

"谢林点"也是博弈论的一个解决方案，是指人们在没有沟通的情况下的选择倾向，做出这一选择可能因为它看起来自然、特别，或者与选择者有关。

纵观我们的历史，在潜意识中我们会聚集在各种各样的地方，如酒吧、社区中心等，因为在一个社会里，这些地方都是谢林点。

一个非常著名的谢林点游戏称为"胆小鬼博弈"。游戏中两个人相对驱车而行。如果都拒绝转弯，任由两车相撞，最终两人都会死于车祸；但如果有一方转弯，而另一方没有，那么转弯的一方会被耻笑为"胆小鬼"，另一方则胜出，如图5-19所示。如何解决这个难题呢？

谢林使用焦点的概念来解决这个问题。这个游戏的最佳解决方案是不要直视对方的眼睛，即切断与对方的沟通，专注于自己的本能。因为在美国，人们习惯靠右行驶，如果让直觉控制自己的行为，就会自动驱车驶向右边，这就是谢林的观点所在。

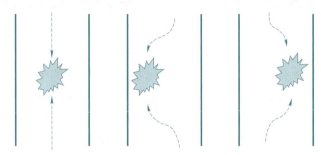

图5-19　"胆小鬼"游戏

当团队中只有少数人改变了他们的状态，而大多数人没有，协调博弈就失败了。相反，当团队中的大多数人改变了他们的状态，协调博弈就成功了。

假设我们想把语言变成另一种基于符号的语言，例如："把你的电话号码给我？"你把"132"变成"ABC"传达给别人。如果只有你使用这种号码，那将是完全无用的，因为大多数人不会理解你的号码，自然无法联系你，你也不会获得任何好处，所以你没有动力去改变。然而，如果社会的大多数人都转而使用这种号码，你将不得不改变你的号码，否则将永远无法适应社会。

3. 区块链与加密货币的博弈理论

区块链是由一个个区块以链条（有序列表）的形式构成，如图5-20所示。其中每一个区块是由区块头（head）和区块体（body）两部分组成的数据结构容器。

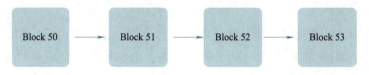

图5-20　链条示意图

通过一系列的哈希计算，"矿工"找到一个新块，并将其添加到链上。如果"矿工"为了个人利益选择"欺骗"网络，会破坏区块链的系统。为了让"矿工"诚实，区块链使用了博弈论来保护系统。

（1）矿工如何作弊

如图5-21所示，灰色的区块是主链。假设有一个"矿工"，在灰色区块51时用10 BTC交换得到500 Litecoin（假设）。现在又创建一个带有新块51（第二色）的并行链，但不执行之前的交易，将新的并行链作为主链继续挖矿，他就同时获得了10 BTC和500 Litecoin。这被称为"双重支付"。

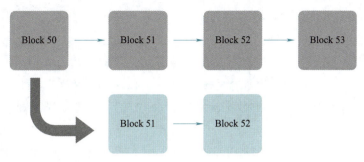

图5-21 挖矿作弊

如果一个"矿工"创建了一个无效的块，那么其他人就不会在它上面挖矿，因为一个规则已经被定义在惩罚策略上。任何在无效块顶部挖掘的块都会变成无效块。因此，"矿工"将直接忽略无效块，并继续在主链（即图中的灰色链）的顶部进行挖掘。因为"矿工"作为一个团队将选择最稳定的状态，也就是有纳什均衡点的状态。显然，你可以让所有的"矿工"在第二色区块挖掘，并使其成为新的主链。然而，你很难协调人数如此庞大的"矿工"加入。

正如协调博弈所指出的那样，如果这个群体中的大多数人不改变自己的状态，那么少数人就不会有任何动机改变。

（2）为什么用户使用主链而不是其他链

为什么用户更喜欢灰色链条而不是第二色链条？再一次，博弈论机制开始发挥作用。第一件原因是，加密货币之所以有价值是因为人们赋予了它价值。那么，为什么普通用户给灰色链条的代币赋值，而不给第二色链条的代币赋值呢？原因很简单。从用户的角度来看，灰色主链是一个谢林点，对于他们来说灰色主链更特别。用户更看重灰色主链的另一个原因是他们已经习惯了主链。就像有限理性概念一样，人们每次都会选择最简单的解决方案。

如果一个区块链被接管和破坏，矿工被转移到一个新的主链，是什么阻止这个新的主链被接管？为了阻止这些无穷无尽的"硬分叉"的发生，最好的办法是从一开始不要接管原来的主链。

博弈论是区块链如此特殊的关键原因，区块链包含的技术和共识机制并不新鲜，但正是这两个有趣概念的结合，使得加密货币免受内部破坏。

思考： 人工智能在太空探索中的终极考验

想象一下，一个星际探测器可以自己选择轨道，自己拍摄照片，然后在没有人类帮助的情况下，将探测器发送到遥远的星球表面。这是一个对于人工智能应用的思考，对于天文、宇宙这方面的工作来说，到底适不适合应用人工智能技术？应用方式是怎样的？

其实，在探索宇宙方面的工作是非常适合应用人工智能的。第一，由于载人成本过高、危险系数大，宇宙探索、星球探索这类工作都在向无人化倾斜；第二，宇宙探索所做的工作中有很大一部分都是对传感器回传图片资料进行分析，而分析图像是人工智能最擅长的工作；第三，航空、天文领域是一个数字化、信息化程度相当高的领域，适合挖掘历史数据，训练各种帮助科学家工作的算法模型。

从理论上来说，我们想要探索浩瀚的宇宙，但不知道要如何到达。所以需要寻找更聪明、更能持续工作、更加有献身精神的"人"，更坚定地去做这项艰巨的工作。而符合这样条件的"人选"，现在看来只有一个，那就是人工智能。利用机器人探索宇宙寻找生命迹象的最大困难就在于，它们无法像人类一样有效地进行直观甚至创造性的决策。由于通信的延迟，探测设备更多地要靠自己进行决策，所以执行外太空探索的任务时，探测设备需要一个足够强大的人工智能帮助进行环境分析和行为决策。

小 结

从"深蓝"到"沃森"再到横空出世的AlphaGo，我们感受到了人工智能在博弈游戏，特别是在完全信息博弈游戏中表现出来的强大能力，但其展示更多的是算力和算法能力，还不是我们所期待的"认知智能"。尽管人工智能在非完全信息博弈对抗中正在表现出越来越出色的成绩，包括对复杂环境的认知、对不明确规则的理解、对"战争迷雾"的判断等，但仍有一些深层次的智能是目前人工智能尚未触及的。

虽然人工智能在很多领域表现出色，甚至超过了人类的表现，人工智能已无处不在，但这并不意味着人工智能已无所不能。从技术角度来讲，目前的人工智能还属于弱人工智能范畴，AI依然没有常识、没有自我意识、没有真正的情感，不具备抽象能力。科幻片中的强人工智能离我们依然遥远，但是，毋庸置疑的是人工智能时代已经到来，人工智能技术将深刻地影响人类生活、社会经济、法律与伦理。

模块六

人工智能与产业发展

引言：

当前，以新一代人工智能为代表的科技和产业革命正在孕育兴起。数字化、网络化、智能化的信息基础设施加速构建，以信息通信、生命、材料科学等交叉融合为特征的集成化创新、跨领域创新渐成主流，围绕"智能+"打造的产业新应用、新业态、新模式不断涌现，人工智能的"头雁"效应得以充分发挥。人工智能将加速成为构建现代化的数字经济体系、推动经济社会高质量发展的重要驱动力量，作为"新型基础设施"的一部分与5G、云计算、大数据、工业互联网等新技术深度融合，形成新一代信息基础设施的核心能力，为数字经济发展提供底层支撑。

回顾计算机技术发展的历史，我们发现，计算机、机器人等人类手中昔日的工具，某种程度上正在成为具有一定自主性的能动体，逐步代替人类进行任务执行与决策。然而，由于技术与业务要求之间的鸿沟，使得人工智能在产业落地过程中面临一系列的挑战与机遇。

知识导图：

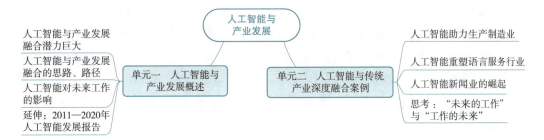

单元一　人工智能与产业发展概述

人工智能是新一轮科技革命和产业变革的重要驱动力量。人工智能加速发展，正在对经济发展、社会进步、国际政治经济格局等方面产生重大而深远的影响。加快发展新一代人工智能，是我国赢得全球科技竞争主动权的战略抓手，是推动科技跨越发展、产业优化升级、生产力整体跃升的重要途径。

国家领导人在中共中央政治局第九次集体学习时强调:"我们要深入把握新一代人工智能发展的特点,加强人工智能和产业发展融合,为高质量发展提供新动能。"当前,我国经济已由高速增长阶段转向高质量发展阶段,正处在转变发展方式、优化经济结构、转换增长动力的攻关期,迫切需要通过新一代人工智能等重大创新来添薪续力。

产业融合的主要方式有三种。第一种是高新技术的渗透融合,即高新技术及其相关产业向其他产业渗透、融合,并形成新的产业,如生物芯片、纳米电子、三网融合(即计算机、通信和媒体的融合);信息技术产业以及农业高新技术化、生物和信息技术对传统工业的改造(如机械仿生、光机电一体化、机械电子)、电子商务、网络型金融机构等。第二种是产业间的延伸融合,即通过产业间的互补和延伸,实现产业间的融合,往往发生在高科技产业的产业链自然延伸的部分。这类融合通过赋予原有产业新的附加功能和更强的竞争力,形成融合型的产业新体系,更多地表现为服务业向第一产业和第二产业的延伸和渗透。第三种是产业内部的重组融合。重组融合主要发生在具有紧密联系的产业或同一产业内部不同行业之间,是指原本各自独立的产品或服务在同一标准元件束或集合下通过重组完全结为一体的整合过程。通过重组型融合而产生的产品或服务往往是不同于原有产品或服务的新型产品或服务。在信息技术高度发展的今天,重组融合更多地表现为以信息技术为纽带的、产业链的上下游产业的重组融合,融合后生产的新产品表现出数字化、智能化和网络化的发展趋势,如模糊智能洗衣机、绿色家电的出现就是重组融合的重要成果。

6.1.1 人工智能与产业发展融合潜力巨大

近年来,人工智能技术发展迅速,成为全球科技新宠。我国人工智能公司数量也在不断增加,如百度、阿里巴巴、腾讯等。这些公司在人工智能算法研究、语音识别、自然语言处理、机器学习、机器人等方面都取得了重要进展。同时,科技创新水平和人才储备也在逐年提升。越来越多的人才回到中国,以及中国本土的优秀人才也在不断涌现,极大地促进了我国人工智能行业的发展。

人工智能产业链包括三层:基础层、技术层和应用层。图6-1所示为人工智能产业链。

基础层是人工智能产业的基础,主要是研发硬件及软件,如人工智能芯片、数据资源、云计算平台等,为人工智能提供数据及算力支撑;技术层是人工智能产业的核心,以模拟人的智能相关特征为出发点,构建技术路径;应用层是人工智能产业的延伸,集成一类或多类人工智能基础应用技术,面向特定应用场景需求而形成软硬件产品或解决方案。从现实看,当前人工智能与产业发展融合最好的领域是交通和医疗。在交通领域的应用主要集中在无人驾驶和智慧交通方面。比如,百度公司于2015年成功完成无人驾驶汽车的路测试验,能够通过实时路况信息和定位分析,决定汽车行驶方向和快慢。人们生活中常用的地图软件具有定位、制定路线、语音导航、实时路况等功能,能进行实时、准确和高效的综合管理。在医疗行业中,无论是计算系统,还是药物发现、辅助诊断和智能机器人的应用,人工智能技术的价值都得到了很好的体现。

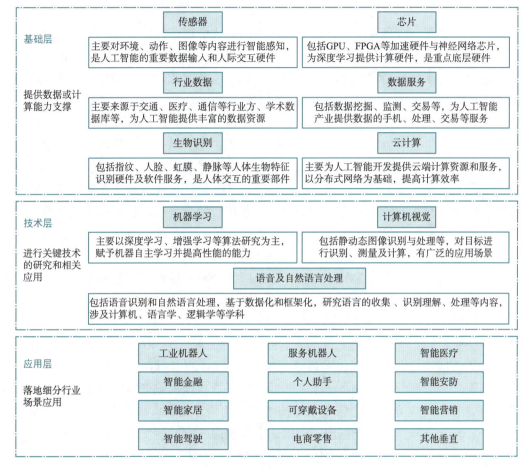

图6-1 人工智能产业链

6.1.2 人工智能与产业发展融合的思路、路径

人工智能呈现出的深度学习、跨界融合、人机协同等特征,能与产业发展的基础层、技术层和应用层相互配合、相互促进,这应是今后人工智能与产业发展融合的主要方向。

在基础层和技术层面,要加强基础设施建设、基础理论研究和技术创新。人工智能深度学习的本质是模拟人脑的机制,逐级分析和解释数据,并学习样本数据的内在规律,最终目标是让机器具有一定的学习分析能力。数据是人工智能时代的基础设施,我们要深刻认识基础设施的重要性,利用理论和技术创新来充分挖掘海量数据中有价值的信息，从而实现数据价值最大化。一方面，要加强政府政策引导，加大资金支持力度。在基础设施投资方面，扩大政府对人工智能产业基础设施建设的支出，鼓励企业集中力量在人工智能操作系统、无监督学习算法等基础研发重点环节取得突破。另一方面，企业间要加强基础技术的共建共享，建立和完善产学研科技创新合作机制，构建产学研、产产或企企创新联合体，实现互利共赢，为人工智能产业生态圈的建立打下坚实基础。

在应用层面，研究制定有针对性的产业、财政税收和人才政策。目前各地区人工智能产业发展水平不一，应当根据各地区发展特色，建立健全有针对性的产业政策。比如，在旅游城市，着重发展智慧旅游；在以制造业为主的地区，着力提高制造业的智能化水平等。同时，要制定有效的财政税收优惠政策和人才政策。在新产品研发和投入市场初期，给予企业一定的财政补贴和税收减免。在与传统产业相融合的过程中要关注人机协同，既要加强技术创新，也要重视人才的培养与引进。人工智能发展需要大量技术型和复合型人才，高端人才建设是人工智能发展的重中之重。一是制定和完善人才培养政策。把高端人才队伍建设作为人工智能发展的重中之重，坚持培养和引进相结合，加强产学研合作，鼓励高校、科研院所与企业等机构合作加强人工智能学科建设，大力培养人工智能和产业融合所需的高端人才和高水平创新团队。二是进一步优化人才发展环境，加大人工智能高端人才和团队的引进力度，探索高层次人才的国际对接和服务机制，努力打造人工智能人才高地。

充分整合行业力量，以龙头企业为核心搭建产业链平台。要着力培育一批具有行业引领带动作用的人工智能企业，引导其与上下游中小企业加强协作，发挥各自优势，加快协同合作与创新发展，尽快建立起从基础研发、平台技术开发到应用落地的人工智能产业生态链条，并最终支撑起人工智能在各行业的终端应用。比如，百度将人工智能列为公司核心战略，先后宣布开放百度大脑开放平台、百度深度学习平台，并牵头成立"中国深度学习技术及应用国家工程实验室"，致力于以百度为核心，联合合作伙伴一起推出国家级的深度学习平台、生物特征识别平台等七大人工智能应用平台。阿里巴巴的人工智能ET拥有全球领先的人工智能技术，具备语音识别与合成、图像/视频识别、交通预测、情感分析等多项技能，广泛应用于工业制造、城市交通、医疗健康等数十个垂直领域。龙头企业发挥带动引领作用，将有力地促进人工智能与产业发展融合。

6.1.3　人工智能对未来工作的影响

人工智能和自动化技术将改变工作的未来，创新技术的出现和应用除了能够替代旧事物，创造新事物，其影响还体现在对现有事物的改变上。换句话说，我们已知的一些工作在未来不会被替代，但也将跟随着数字化的脚步发生改变。而这也对人们的素质提出了要求，如果说工作内容向"未来式"转型是大势所趋，那么素质培养向"创新人才"方向靠拢就是必由之路。

工作的"未来式"呼唤技能转型,科技将会是未来产业发展和职业发展的主旋律,能够掌握并熟练应用高新技术的科研人才无疑前途一片大好。但这并不意味着能够适应"工作的未来式"的人才所需的全部素养仅限于技术能力。科研素养是硬核优势,但软技能的培养也不容忽视。

以服务业为例。前台接待员很容易被替代,是因为这种工作基本不需要与外界环境做出交互,不需要与外界建立情感联系,只需要做好简单问候、办理登记等即可。相比之下,酒吧调酒师的工作地点也是在柜台,但这一工种的可替代性相对而言却低了很多。这是因为调酒师需要与顾客进行交流,从顾客的言谈举止中判断出客人的心情、口味、消费能力,从而为其提供让对方感到满意的服务。

这是一种感知能力,需要工作者投入的是情感,也正是机器和人工智能所不具备的共情能力。机器能够完成部分的人机互动,但缺乏的是一颗同理心以及感同身受的共情能力,因此,这类需要情感投入的岗位被机器取代的可能性也就大为降低了。

Minerva大学文理学院院长Stephen M. Kosslyn博士曾说:"人类所具备的共情能力是具备批判性思维、用创造的方式解决问题、能够进行适应性学习和明辨是非的基础,通过编程让机器完全模仿人类的认知能力是非常困难的,这些'软能力'想要实现自动化,无论现在还是未来都是有难度的。"

因此,提升自身的创造性、灵活性、对环境的感知能力、共情能力,这样即便不是高新技术人才、不通晓程序技术,也能够在机器化浪潮和日益激烈的职业竞争压力中变得不可替代。

技能转型呼唤教育变革,归根结底,是创新带来了技术变革、产业升级、社会转型,是创新为工作的未来式带来了无限可能。因此,创新是引领发展的第一动力,培养创新型人才是我国教育的重要使命。而人才培养内核因时而变,那么,教育事业也理应顺势而为,用创新的教育理念和方法培养创新型人才。

也许对未来工作的畅想在未来不会走进现实,但通过对时代发展大势的预判,分析我们需要在当下做好哪些准备,是有理由且有必要的。

人工智能和自动化技术将改变"未来的工作"与"工作的未来",但正如鼎石校长Malcolm McKenzie在中学分会的发言中所说,我们要弄清楚时代的变与不变。

环境在变,但科技发展大趋势不会变;就像教育要在这场数字化大潮中求新求变,但创新型人才的培养目标不会变。未来的工作机会属于有创新能力的人才,未来的人工智能也将由创新型人才主导。正如北京市新英才学校执行校长张万琼所言:"以确定的实力迎接不确定的未来"。

当前,全球共同关注的技术创新焦点之一,就是自从20世纪末以来,人工智能发展热潮推动信息技术革命深化,使技术进步对就业的影响演进到自动化和智能化阶段,对不同行业、不同群体乃至不同经济体的就业产生重大影响。一方面,技术进步可以提高劳动生产率从而带动经济增长,制造新的产品和市场来创造新的就业机会；另一方面，人工智能可以实现更大规模的自动化，替代部分人力工作。这种对劳动力市场的影响力也会因为技术类型、传播速度和国家的政策及制度不同而存在差异。

1. 规模迅速扩张的人工智能

2017年12月13日，中国工业和信息化部印发《促进新一代人工智能产业发展三年行动计划（2018—2020年）》，明确将人工智能作为新技术经济体系转型的关键推动力。世界经济论坛将人工智能称为第四次工业革命（4IR）的基石。

2. 就业焦虑从何而来：人工智能影响劳动力市场的途径

人工智能的发展在一定程度上影响了劳动力市场。一方面，人工智能可以替代一部分人工作，从而降低企业成本、提高效率和生产力。例如，在制造业中，机器人可以完成大量重复性工作，从而降低了人工成本；在客服领域，自动化的语音识别和自然语言处理技术可以替代人工客服，提高了服务效率。

但另一方面，人工智能也为劳动力市场带来了新的机会和需求。随着人工智能技术应用场景的不断扩展，需要大量具备AI相关技能的人才，如数据科学家、机器学习工程师、算法专家等。这些岗位对于高素质、多技能和创造性思维的人才有很高的要求。

因此，虽然人工智能可能会替代某些低技能、重复性的工作，但同时也会创造出更多高技能、高薪水的工作岗位。未来几年，人工智能将引领着整个劳动力市场的变革，我们需要不断地升级自己的技能和知识，适应新的时代需求。

3. 如何使人工智能技术的影响更积极和可持续

随着人工智能技术的发展，机器人已经改变了许多行业的现有运营模式，对就业的冲击初步显现。从长期趋势来看，人工智能技术还有相当长的路要走，需借助技术积累、资本推动以及商业模式的协同推进。另外，合理的体制安排和政策组合可以使创新的收益广泛分享，实现可持续发展目标。

可以预计，随着人工智能时代的逐步到来，当前的社会分工、文化、习惯等各方面都可能会因此出现巨大的改变。

人工智能相关"新行业"将带来的"新岗位"，人工智能时代的到来，必定会产生一些之前"没听说过"的新岗位，如已经被行业逐步认可的"自然语言处理""语音识别工程师"等，以及人工智能/机器人产品经理。而且其他行业的"旧岗位"也可能需逐步"人工智能化"，如大多数保安、翻译等可能会被人工智能取代，但能适应新环境的劳动者可能收入会更高，如能操控安保机器人又有丰富安保经验的安保负责人，以及垂直于某个细分领域的翻译人才。从历史经验看，技术进步会不断消灭旧的就业岗位，也会同时创造新的就业岗位。

延伸： 2011—2020年人工智能发展报告

过去十年里，人工智能从实验室走向产业化生产，重塑传统行业模式、引领未来的价值已经凸显，并为全球经济和社会活动做出了不容忽视的贡献。当前全球人工智能浪潮汹涌，各国学者正努力实现人工智能从感知到认知的跨越，使之具有推理、可解释性、认知性。未来十年，人工智能技术将实现从感知智能到认知智能的新突破。

清华大学人工智能研究院、清华-中国工程院知识智能联合研究中心联合发布了《人工智能发展报告2020》显示，该报告基于清华大学唐杰教授团队自主研发的"科技情报大数据挖掘与服务平台"（简称AMiner）平台，根据2011—2020年期间人工智能领域的顶级期刊和会议（共计44个）所收录的全部论文和专利数据，全面展现了人工智能发展至今所获得的重大科研进展、成果产出以及科研热点。该报告不仅从人才现状、技术趋势和技术影响力等方面展示了过去十年人工智能的最新进展，而且汇总分析了全球主要国家人工智能战略支持政策，以及各国人才储备和专利申请情况。该报告匠心独具，将知识图谱与自然语言处理、可视化、文献计量学等技术手段相结合，分析得到人工智能及其子领域的技术研究热点和发展趋势方向，高层次人才特征。此外，基于Gartner技术成熟度曲线，该报告还深入探讨了人工智能的未来发展蓝图，提出理论、技术和应用方面的重大变化与挑战，以及如何赋能其他产业发展等重要议题。根据人工智能领域在国际顶级期刊和会议过去十年所发表论文，通过人工智能算法计算出不同技术研究方向的AMiner影响力指数，以此获得人工智能领域研究热点总榜单，评选出过去十年"十大人工智能研究热点"。

本次评测结果显示，过去十年中十大研究热点分别为深度神经网络、特征抽取、图像分类、目标检测、语义分割、表示学习、生成对抗网络、语义网络、协同过滤和机器翻译。

过去十年，中国人工智能领域的专利申请量全球领先。总体上，国内的人工智能相关专利申请量呈逐年上升趋势，并且在2015年后增长速度明显加快。

当前，人工智能技术与传统行业深度融合，广泛应用于交通、医疗、教育和工业等多个领域，在有效降低劳动成本、优化产品和服务、创造新市场和就业等方面为人类的生产和生活带来革命性的转变。

人工智能未来将更多向强化学习、神经形态硬件、知识图谱、智能机器人、可解释性人工智能等方向发展。目前，全球已有美国、中国、欧盟、英国、日本、德国、加拿大等十余个国家和地区纷纷发布了人工智能相关国家发展战略或政策规划，用于支持人工智能未来发展。这些国家几乎都将人工智能视为引领未来、重塑传统行业结构的前沿性、战略性技术，积极推动人工智能发展及应用，注重人工智能人才队伍培养，这是人工智能未来发展的重要历史机遇。

本报告通过对2020年人工智能技术成熟度曲线分析，并结合人工智能的发展现状，预测得出人工智能下一个十年重点发展的方向包括强化学习、神经形态硬件、知识图谱、智能机器人、可解释性人工智能、数字伦理、知识指导的自然语言处理等。

关于2020—2024年人工智能发展状况请查阅相关资料进行学习。

单元二 人工智能与传统产业深度融合案例

伴随着人工智能技术的升级和应用，交通、制造、安防、能源、教育等行业都进行着轰轰烈烈的数字化转型，智能化时代已经来临。

作为新经济的核心驱动力，人工智能与传统产业深度融合，正在对社会生活产生深刻变革。从技术研发到应用落地，再到与各行业深度融合，让人工智能发挥最大价值，这正是人工智能产业的大趋势。

6.2.1 人工智能助力生产制造业

人工智能正在重新定义企业、行业和经济，人工智能的优势在于它所解释的数据，能够为分析人员提供非常有效的数据分析工具。人工智能技术的快速发展给很多行业带来了变革。在制造业领域，制造技术正和人工智能技术进行深度融合，形成新一代智能制造。

1. 人工智能在制造业市场发展迅猛

随着人工智能在制造业应用场景的增多，人工智能逐渐成为一种全新的投入要素，成为引领中国制造业发展的关键技术，为制造业生产效率和经济效益创造新的上升空间。

目前，人工智能赋能制造业的行动已在全球展开，据德勤咨询人工智能制造业应用调查显示，93%的受访企业认同人工智能将成为全球制造业增长和创新的关键技术。中国在人工智能应用领域表现突出，其中人工智能在中国制造业的市场规模有望在2025年超过20亿美元，从2019年开始每年保持40%以上的增长率。虽然人工智能在中国制造业市场上发展迅猛，但对于如何在制造业场景应用人工智能，来替代烦琐的人工，实现工厂的智能化水平，很多企业依然存在困惑。

2. 人工智能在制造业如何应用

人工智能技术关键点是互联、实时与智慧，运用数据帮助企业管理者做决策，人工智能在先进制造业领域还有非常大的应用潜力。总的来说，人工智能在制造业的应用主要有三个方面：首先是智能装备，包括自动识别设备、人机交互系统、工业机器人以及数控机床等具体设备；其次是智能工厂，包括智能设计、智能生产、智能管理以及集成优化等具体内容；最后是智能服务，包括大规模个性化定制、远程运维以及预测性维护等具体服务模式。

3. 人工智能产品质量检测

人工智能嵌入生产制造环节，可以使机器变得更加聪明，不再仅仅执行单调的机械任务。图6-2所示为极智嘉智能拣选机器人，可以在更多复杂情况下自主运行，从而全面提升生产效率。在质量管理方面，制造企业采用人工智能检测技术来对产品外观缺陷进行检测，减少了人工成本，提高检测精度和效率。人工智能检测设备对产品外观缺陷检测效果惊人，与人工相比，它有着巨大优势，如：

①人工智能检测，降低人力成本。
②精确识别细微缺陷，提高检测效率。
③满足客户动态品质管控需求。
④根据查询系统，开展产品质量追溯。

图6-2 极智嘉智能拣选机器人

4. 人工智能实现柔性化生产

随着个性化需求时代的到来，标准化的生产模式越来越无法满足消费者的需求。人工智能技术对于挖掘消费者需求数据以及特征行为等方面发挥着重要作用，并能够对相关产品的市场前景进行预测分析，将分析结果作为生产过程中的参考依据。

人工智能技术还能有效实现柔性生产，对生产线的生产计划进行控制与管理，从产品的供应链、物流链、生产链等各个环节进行合理管控，降低相关流程的不必要成本。例如，在产线物流环节，利用机器学习技术，机器人能够判断如何分拣生产线上的产品，分拣的成功率可以达到90%，和熟练工人的水平相当。

5. 人工智能实现设备预测性维护

在24 h不停运转的工厂里，突发的停机事件会造成不小的损失。为了实现预测性维护，技术人员通过大量的设备性能和环境历史数据，借助人工智能技术分析构建预测性维护模型，对设备运行状况进行预测。

在智慧工厂里，预测性维护通过对重要资产如机床、重要机器仪表等设备的健康监测来实现。生产设备里的传感器等随时监控设备运行状态，把实时运行数据传输到云上采用人工智能和大数据进行分析，提前预知设备的异常状态，采取应对措施，从而最小化设备停机的可能。

6. IBM人工智能在制造业应用案例

新一代人工智能应用场景，将重构生产、分配、交换、消费等经济活动各环节，催生新技术、新产品、新产业。很多企业已经将人工智能技术应用到企业的日常生产经营活动中，取得了一定的成效。

例如，借助IBM的认知视觉检测技术，小罐茶用可度量的方式将传统制茶经验固化，以自动化、智能化的技术与手段升级传统茶叶生产方式。借助认知视觉检测识别茶叶中的各类杂质，助力小罐茶加速茶叶加工生产线的自动化与智能化。一条这样的生产线每天可以完成200 kg毛茶的筛拣除杂工作，相当于50~60个挑茶工的工作量，且能实现单条生产线200 kg/天的产能和接近99%的准确率。华星光电将AI引入工厂，通过IBM智能制造解决方案加速目视检测流程，数毫秒内完成产品分析，大大缩短产品检验交付周期、降低制造成本。新奥集团通过应用IBM企业级RPA成功打造自动化财务机器人、虚拟员工"小奥助理"，该机器人融合了人工智能以及机器学习技术，打通线上和线下流程，取得了立竿见影的效果。此外，IBM人工智能技术在智能研发和设计、智能服务以及智能决策等方面也有着广泛的应用。

6.2.2 人工智能重塑语言服务行业

作为一项新兴科技，人工智能旨在以一种类人方式研发、应用智能机器，该领域的研究主要包括机器人、语言识别、图像识别、自然语言理解与处理、专家系统等方面。中国翻译协会在《2019中国语言服务行业发展报告》中指出：语言服务是以语言能力为核心，以推动跨语言、跨文化交际为目标，向个人或组织提供语际信息转化服务和产品，以及其他相关研究咨询、技术开发、工具应用、资产管理、教育培训等专业化服务的现代化服务业。将人工智能技术与语言服务相结合，是时代发展的产物，也是当前语言需求环境的要求。

1. 拓宽翻译领域

人工智能技术在语言服务应用上最为显著的体现是机器翻译。智慧客服系统技术路线图如图6-3所示。机器翻译作为一门交叉学科，建立在计算机语言学、人工智能和数理逻辑之上。根据Amnier《2018人工智能之机器翻译研究报告》及《2018自然语言处理研究报告》，按媒介划分，目前人工智能语言服务主要体现在文本翻译、语音翻译以及图像翻译等领域。

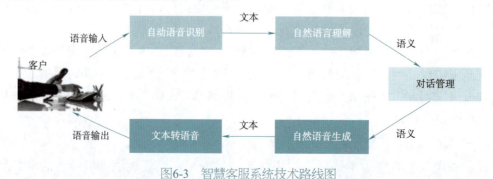

图6-3 智慧客服系统技术路线图

（1）文本翻译服务

在人工智能技术的加持下，机器翻译最初的应用便在于市场潜力巨大的文本翻译上，即机器通过对自然语言的理解与处理，将源语言文本转化成目标语文本。目前，市面上运用最广泛的机器文本翻译，大多由传统的统计机器翻译向神经网络翻译转变。比如，谷歌翻译自2007年10月上市以来一直沿用的都是专有统计翻译技术，但随着对翻译质量需求的提升以及人工智能技术的发展，从2016年9月开始，谷歌翻译研究团队开始研发神经机器翻译系统，并在同年11月正式投入市场使用。基于实例之上的神经网络机器文本翻译，通过对数百万个具体示例进行对比分析学习，能够实现更好、更自然的文本翻译。

（2）语音翻译服务

全球化时代，无论是在政治上、经济上、文化上或生活上，国与国之间、人与人之间的交流都越来越频繁。因而，相较于传统的文本翻译，人工智能的机器语音翻译更具实用价值和创新意识，发展势头迅猛。人工智能语音翻译通过语音识别、算法计算、文本转化以及语音转换这四个翻译转化步骤，实现将源语言语音转换为目标语语音，相当于人工智能版"同声传译"。由于语言服务需求市场巨大，越来越多的语言服务企业开始加入人工智能语音翻译的研究队伍当中，并取得了傲人的成绩。例如，我国人工智能语音与人工智能产业领导者科大讯飞，一举囊括2014年国际口语翻译大赛英汉互译双奖项；2017年，微软亚洲研究院新拓展了Microsoft Translator Live Feature，可以实现在会议或演讲情景下的即时语音翻译；同年，腾讯翻译君的"同声传译"功能正式上线，利用语音识别以及神经网络翻译技术，实现了"边说边翻"的翻译形式。

（3）图像翻译服务

作为新兴翻译领域，人工智能图像翻译的发展前景也不容小觑。同语音翻译一样，图像翻译首先需要通过文字识别技术对图像文本进行转换识别，进而生成翻译文本，不同之处在于前者是对语音识别和语音输出，而后者是对图像识别与文本输出。各大翻译软件如百度翻译、搜狗翻译、有道翻译、金山翻译等，相继上线了拍照翻译的功能，极大丰富了翻译市场。如今，图像翻译的应用领域也是越来越广泛，与人民的生活息息相关。比如，当游客出国旅游时，可以借助图像翻译解决看不懂说明书、景点介绍等语言难题；除社交生活类应用外，图像翻译还可以应用到医疗、无人驾驶汽车改进等专业领域上，用于帮助医生解读X光片、核磁共振成像，协助科学家测试无人驾驶车原型等。随着人工智能技术的改进，图像翻译技术也越来越精进。

2. **完善语言服务**

虽然在人工智能技术的帮助下，机器翻译拓宽了翻译领域，但是与人工翻译相比，其翻译质量还有待提高，这也在一定程度上影响了语言服务质量。据中国翻译协会《2019中国语言服务行业发展报告》显示，虽然75%的语言服务需求方受访企业都对人工智能翻译持积极态度，但96.7%的受访企业表示只有在人工智能翻译能保障翻译效果的前提下，才愿意选择人工智能翻译来承担公司或单位的翻译任务，并且还只是部分翻译任务。就目前来看，人工智能机器翻译距离满足语言服务要求尚有一段距离，人工智能技术下的语言服务业的发展前景仍十分严峻。因此，完善语言服务就变得十分必要，可以从以下几个方面着手。

（1）拓宽服务内容

随着科学技术的不断发展与进步，人工智能技术在语言服务业的应用范围应该逐步拓宽，不仅局限于机器翻译服务，还涉及技术研发、工具应用、研究咨询、资产管理、贸易营销、培训考试、投资并购等专业化内容。语言服务业应充分利用人工智能技术这一帮手，采集与挖掘语言大数据，把握用户需求，为顾客提供更加精准、便捷的语言服务及相关衍生服务产品。

（2）革新服务模式

随着语言服务主体由个体逐渐转变为以翻译公司和本地化公司为主，语言服务模式也需要发生相应变化。以人力和成本为核心的外包业务模式已不再适合于人工智能时代下的语言服务业，更多应向产品导向及服务导向模式发展。语言服务业应以客户需求为核心，通过人工智能技术、云计算、移动互联网、物联网、大数据等新技术和新平台，向广大客户提供定制化服务。

（3）创新服务技术

语言服务业应最大程度利用人工智能技术对大数据的推理运算，以及模拟人脑的思维模式，逐步研发语言服务项目管理工具和质量控制工具，以此提高语言服务的质量和效率。语言服务可以借助人工智能技术来提高机器翻译质量；利用语言大数据的重复性特征，提升翻译工作效率；通过云计算设计出更丰富、更有效的云翻译平台。专家希望未来的语言服务业能够将人工智能技术与机器翻译技术、术语管理技术、翻译记忆技术、语料库管理技术、人工翻译技术与客户需求紧密结合，从而实现更高程度的云端化、自动化、技术化、专业化、平台化。

（4）培养语言人才

人工智能技术在语言服务上的应用也转变了语言服务人才的培养方案。翻译人才培养规模较为庞大。在人工智能技术大发展的行业背景下，高校课程设置也将计算机辅助翻译、本地化技术、项目管理培训班等课程纳入了人才培养体系中，让预备语言服务人才充分学习、理解人工智能技术支持下的新型翻译方式。

总的来说，人工智能时代，语言服务得到快速发展。"人工智能+语言"已成为势不可当的发展趋势，渗透到人们生活中的方方面面。在人工智能机器翻译成功应用于文本翻译、语音翻译、图像翻译等领域的基础上，未来，语言服务所要努力的方向在于更多的尝试。比如，利用人工智能技术，结合大数据、物联网、互联网、云计算等新技术、新平台，拓宽语言服务内容、革新服务模式、创新翻译技术及培养语言服务人才。

6.2.3 人工智能新闻业的崛起

进入人工智能时代，计算机可否基本实现人脑的功能？人工智能可否完全超越人类智能？机器人的工作岗位可否全面取代人类的工作岗位？

这些问题始终在科技领域、社会领域存在两种声音。对于新闻业来说，当越来越多的机器人记者写作新闻稿件时、当越来越多的机器人编辑推送新闻链接时，一个受到关注的趋势是：随着技术进步，未来人工智能新闻业可否取代人类新闻业？或者更准确地说，在多大程度上可以取代人类新闻业？

人工智能是计算机科学的一个分支，其目标是了解人类智能的本质，以模拟、延伸和扩展人的智能，其研究领域包括机器人、语音识别、图像识别、自然语言处理和专家系统等。它作为一种具备颠覆性变革潜力的使能技术，引领着新一代信息技术的集成发展，助力传统行业升级，也在创造着新的业态。人工智能与传媒业发展相辅相成，人工智能推动了传媒业变革，传媒业也因此成为人工智能技术的主要应用场景，甚至成为信息技术研发应用的重要导向。以下从微观的新闻业务流程和生产机制变革以及宏观的传媒行业变革两个层面展开论述。

1. 微观层面：智慧化媒体时代新生产力的多线程作用

在微观层面，人工智能作为一种新的技术原力，将对信息采集、整合与把关、加工、生产与呈现、分发的整个新闻业务流程和生产机制，产生多线程作用，主要体现在以下几个方面：

（1）采集力增强：从人到物、从现实到虚拟的多层面贯穿

物力增强人力，扩张采集边界。在物联网等技术推动下，未来将进入一个"万物皆媒"的时代。搭载智能设备和传感器的智能化物体将作为信息的采集者、传递者甚至加工者，成为内容生产全新的信息源。

虚拟增强现实，多面描摹社会。借助大数据技术，实现虚拟数据采集，并与现实数据结合，通过虚拟现实技术呈现，丰富报道视角，全方位勾画社会图景。

（2）整合与把关力增强：拯救碎片信息，提高信息审核力

以前新闻素材的采集与整合受到海量、碎片信息困扰，而机器可以解决这样的困境：在智能技术助力下，信息整合方式将更加智能化、自动化，如相关文章的自动配发、多媒体的智能组合、专题的智能聚合。

同时，人工智能在信息把关上，提供了一种智能化的内容审核方案：机器在自动审核与校对上的特长，将结合人的决策能力，建立一种智能化的人机协同把关机制。比如将人工智能用于来源分析、语义分析、交叉验证、演变追踪，可以有效破除谣言。

（3）加工与呈现力增强：智能化加工与沉浸式呈现

人机协同生产，进一步解放生产力。智能化机器将把劳动力从信息检索、数据

挖掘、媒体资源管理等基础型机械劳动中解放出来，使其在文化创意革新、深度内容写作中发挥更大优势。近年来兴起的机器人写作正是这一趋势的应用方向，未来这一技术将从单纯的文字材料的自动化写作拓展到多媒体材料，同时在写作类型上由快讯写作向深度内容发展。

丰富报道形式，提升沉浸式体验。新闻呈现形式更加多样化，出现了数据新闻、沉浸式新闻、机器人写作、人工智能主播等新的报道形式，提升了交互与沉浸式体验水平。

（4）分发力增强：用户算力增强，分发场景拓展

智能化算法分发，主要解决的是人与内容的关联问题。目前，算法主要以个性作为基本关联维度，未来，它所依据的数据维度和分发思路或将不断拓展，除了个性外，用户所处的关系和场景也将是核心的关联维度。

在分发场景上，一切搭载了智能交互技术的智能终端设备将泛在，柔性屏、车载屏、智能音箱等将成为新的内容分发渠道和信息接收终端，万物皆媒将在更高的维度上实现。比如，智能音箱占据客厅场景，模拟大篷车等场景的人民日报"时光博物馆"。

2. 宏观层面：新生产力作用下的新内容行业

随着智能化技术在新闻领域的应用与普及，对生产者提出更高要求的同时，内容人员与技术人员、内容部门与技术部门、内容行业与技术行业的密切合作、跨界融合将成为融合发展的大趋势，促使传媒组织在体制机制与媒介经营与管理模式上的大变革。

（1）体制机制变革

传媒业将在打破媒体内部区隔的基础上，推动媒体间的开放与合作，成立传媒集团、探索中央厨房等融媒体模式，是传媒业目前一直在做的。同时，在行业融合层面，传媒业的开放与跨界合作将成为大势所趋，技术、资金、人才的全方位合作与融合，将打通媒体融合的"最后一公里"。

（2）经营模式变革

传媒业将立足产制优势，开展跨平台、跨区域、跨行业合作，调整产业布局，向信息服务业、文化创意产业、文化金融产业拓展，以摆脱对单一的广告模式的依赖，拓展变现渠道，延长与完善产业生态链条。

（3）管理体制变革

在体制机制和经营模式变革的基础上，将推动管理体制的创新，一手抓发展，一手抓管理，成为必然。

同时，技术带来的生产力提升、生产关系变革，并不一定带来一个更好的传媒业。面对技术带来的各种可能性，人们需要进行行业变革的冷思考，在此基础上破镜经营障碍、防范技术风险、进行伦理克制。

（4）人工智能新闻发展简述

新闻活动是人类收集信息、加工信息、发布信息以监测环境、塑造环境的专门行为，人工智能新闻业的出现得益于深度学习、神经网络、算法开发、自动化技术等的发展，新技术特别是数据技术介入新闻活动的比重越来越大。

对新闻业来说，数据技术的发展与应用突出体现在以下方面。一是数据采集技术，在数字化和网络化条件下，通过大规模分布的传感器，人类的数字痕迹普遍存在并可方便获得，成为新闻内容的重要来源。二是数据挖掘技术，面对海量数据、音视频数据、复杂数据，通过各种算法开发，自动标记媒体内容，对数据的快速分析和深度分析成为可能，成为新闻事实的形成工具。三是数据呈现技术，通过可视化呈现技术、写作算法技术以及基于虚拟现实、增强现实的沉浸体验技术，人工智能可以自动将数据转换为可读性、可视性的新闻叙事，成为新闻报道的生产方式。知识、数据、算法与算力共同成为人工智能发展的基础要素，推动人类社会迅速进入人工智能时代，对包括新闻活动在内的人类活动产生的影响越来越大。进入人工智能时代，从新闻传播行为看，传播主体从专业化到大众化再到机器化，传播动机从事实呈现到社交体现再到价值实现。

今天的媒体行业不仅将人工智能视为技术的受益者，而且还认为它在经济环境中是有益的。新兴组织正在通过线上的其他服务来争取关注和收入。人工智能被视为潜在的更新催化剂，随着行业正处于危机之中，人工智能促进了所有可能为各种组织带来竞争优势的措施。在当今的数字时代，没有技术，新闻就很难生存。然而，在大规模使用人工智能新闻技术的同时，机器人新闻活动的问题性、局限性逐渐显露，使得其无法满足人类对新闻活动的完整需求。特别是算法的偏见与不透明等现象愈发受到诟病。人们越来越意识到，必须由专业新闻人担任监护人才能让机器人新闻活动更好地发挥作用。

机器人新闻活动的不足正是未来人类新闻活动的机遇与方向。面对人工智能新闻业的崛起，与之展开合作而不是竞争，才是人类新闻业的正确选择。事实上，密切把握人工智能新闻技术的进展，最大限度地使用机器人记者编辑完成重复性、机械性、危险性以及各种可能的前期工作，可以最大限度地解放人类记者编辑，推动人类新闻业在新技术条件下获得前所未有的赋能与发展。

思考： "未来的工作"与"工作的未来"

5G、大数据、数字化转型……人工智能或将像水和电一样进入人们的生活。1958年，冯·诺依曼曾说："技术日新月异，人类生活方式正在快速转变，这一切给人类历史带来了一系列不可思议的奇点。我们曾经熟悉的一切，都开始变得陌生。"

而今，技术创新对生活的影响不是在继续，而是在加剧。这种变化甚至体现在职业发展上。我们今天所熟悉的职业类型，也许在未来将不复存在。人工智能和自动化技术将改变未来的工作，也将改变工作的未来。

经济发展态势影响就业市场需求，而技术革新能够促进经济增长，因此催生了职业结构的变革，未来将出现许多新的工种。

2013年，牛津大学的Carl Benedikt Frey和Michael A. Osborne曾发表了一篇关于"电子计算机化将在何种程度上影响到未来就业问题"的研究报告The Future of Employment: How Susceptible Are Jobs to Computerisation。

该研究采用高斯分类器的方法，以702个美国职业为样本，估算电子计算机化对未来美国劳动市场的影响。根据预估，美国大约有47%比例的职业有在未来被电子计算机化取代的风险。

在47%的职业类型中，被替代风险高达90%以上的几大工种分别为行政支持、销售、服务业、加工制造、交通货运。当然，这只是几大类别，不等于涵盖此类工作中的全部岗位。以服务业为例，研究报告中举例为前台、柜台接待员等诸如此类的岗位，因为毕竟服务业覆盖甚广，谁又能否认人工智能和自动化技术的应用不是一种服务呢？报告在比较这些样本职位的风险程度时，分析了人力的相对优势，提出三个关键词：dexterity、perception和originality，这也给了我们一些启示，即灵活性、独创性、专业性与职业的不可替代性成正比。

人工智能和自动化技术的确会在很大程度上改变未来的工作结构，但新涌现出来的工作并不完全能靠机器独立完成，人始终占据主导地位，人工智能和自动化技术只是辅助，是人类撬动地球的杠杆。

小　结

人工智能作为引领未来的前沿性、战略性技术，已经成为新一轮科技革命和产业变革的重要驱动力量。部分企业已加速应用智能工业机器人等新手段、新方式开展智能化生产。推动人工智能与工业融合发展，有助于提升工业生产效率和产业竞争力，优化经济结构，实现经济高质量发展。

模块七

人工智能与未来职业

引言：

近几十年来计算速度飞速提高，从最初的科学数学计算演变到了现代的各种计算机应用领域，诸如多媒体应用、计算机辅助设计、数据库、数据通信、自动控制等，人工智能是计算机科学的一个研究分支，是多年来计算机科学研究发展的结晶。

人们深刻地意识到，"在发挥人工智能潜力使之服务于人的同时，也该提前做好准备，应对人力资源市场可能发生的系统性和颠覆性变化"。但机器人和人工智能不会取代所有工作类别，而是可能有助于在将来使工作变得更轻松，为了提高生产力或安全性，更多的工作将会被自动化完成。

人工智能、机器学习、深度学习和自动化不再是未来的技术，这些技术已经在企业中发挥作用。无论是组织数据，发现趋势还是让人的生活更轻松，人工智能可以对企业产生积极影响。

知识导图：

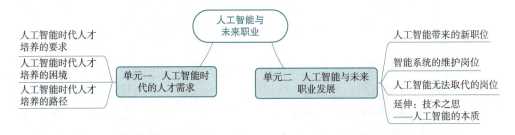

单元一 人工智能时代的人才需求

人工智能的发展促进了生产技术的变革，加快了劳动组织方式的转变。以人工智能技术为核心的工业4.0生产模式对从业者能力和素质提出了新的要求，我国职业院校人才培养亟须在人才培养目标、智能专业群的构建、智慧教学场景的建设、倡导情感教学原则、提升专业教师新技术应用能力及教学评价等方面尽快作出调整，才能为产业转型升级以及区域经济社会发展提供高素质的创新技术技能型人才。

7.1.1 人工智能时代人才培养的要求

本单元介绍人工智能发展及其对技术技能型人才的素质要求。

1. 背景：人工智能时代的产业发展

人工智能的核心内涵是"让机器或机器人（载有人工智能的机器或机器人）胜任传统行业中需要人类智能才能完成的复杂工作"。人工智能是第四次产业革命的技术引擎，必将引领新时代的信息技术发展，并引发全球的产业变革，从而推动各行各业的供给侧改革，成为未来经济发展的新引擎、社会发展的加速器。

人工智能时代背景下，仿真技术、自主机器人、大数据分析、云计算、工业物联网以及虚拟现实等技术一起构成了技术基础。这些技术将对从设计到售后服务的整个价值链产生重大影响。同时，管理理念和管理技术变化将共同推动劳动组织形式的变化。人工智能与人协作工作的自适应流程是精益管理（lean management）与工业4.0技术的融合，这种融合被称为"精益4.0"模式，它将成为企业未来新的主导性生产模式。从自动化到"精益4.0"，人与机器的关系正从"机器换人"转向"人机共舞"。这意味着工业4.0发展过程并非简单的"去技能化"过程，这一过程中人的地位不是下降而是提升了。

2. 人工智能时代对技术技能人才的能力要求

现代的智能机器可以帮助人们寻找答案，但无法帮人们提出问题，这是缺乏创造力；机器人无法进行复杂沟通，无法理解人的价值观、爱与幽默感等，因此其情商是"硬伤"；人类的大脑会在不断变化的环境中吸收新的知识与能力，人工智能的"大脑"是一个复杂的程序，它是已经设计好的不具有主观能动性的机器"人"。综合这些特征，人工智能发展对技术技能人才的能力提出以下新要求：

（1）信息辨识能力

职业院校专业人才大多集中于一线服务行业，这类工作的特点是需和大量的数据打交道，时刻接收和传达来自多方面的信息。在信息爆炸时代，智能型专业人才亟须进行持续学习、快速学习和有辨别的学习，培养对有效信息的敏感程度，辨识有用数据的能力，具备良好的网络信息检索素养。语言学家诺姆·乔姆斯基（Noam Chomsky）提出一个悖论问题，即"奥威尔问题"引起了人们的反思："为什么证据如此之多，我们知悉的却如此之少？"大数据所带来的信息、新闻等丰富到超乎人们的想象，但"知道"不同于"知识"，若仅仅满足并止步于"知道"，而不去进一步探究"知道"的本质及相关认知脉络，则最终很可能只会沦为"知道分子"。智能时代的新型劳动者需具备真正学习与正确辨别信息的能力。

（2）高级认知技能

工作技能可以划分为程序化（易被机器资本或智能化设备所替代）和非程序化

（难以被机器资本或智能化设备所替代，见图7-1）两个方向。程序化工作具有重复性、单一性，目的明确并且主要使用单一脑力等特点，如行政事务、流水线工作。非程序化是相对程序化而言的，其表现为灵巧的动手、塑形、空间能力等，如导游、医务人员、理发师等所具备的非程序技能。由于程序化工作相对简单，而目前大部分的职业院校专业人才所具备的能力属于程序化能力，其极易被编制成计算机程序，从而被人工智能所替代。英国剑桥大学弗雷与奥斯本在2013年发表的报告中指出，美国在未来20年里将有47%的工作岗位存在被替代的可能，货物运输人员、税务代理员、会计助理、图书馆技术员、数据输入员等被取代的概率可高达99%。而以上被提及的从业者所具备的主要技能也大多属于职业院校专业中的程序化能力。人工智能时代亟须培养职业院校专业人才的非程序化高级认知技能，可具体概括为两个方向：一是应用人工智能技术创造新产品、新服务的能力，这里称为创造性思维能力；二是发现新问题和解决新问题的能力，这里称为环境应变能力，包括主动学习与战略性学习、解决复杂问题等。

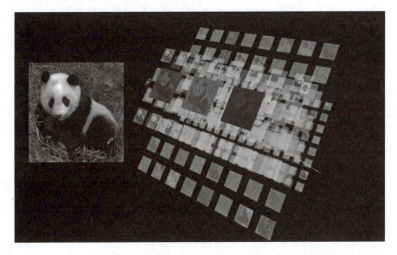

图7-1 卷积神经网络识别图像示意图

（3）复合型数字能力

复合型人才是指在多方面、多领域及多维度都有一定能力，在某一个具体的方面出类拔萃的人。复合型数字能力可参照德国国家职业资格框架，将职业行动区分为专业能力和人格能力两个维度，而数字能力融入专业能力和人格能力当中，并被赋予了全新的内容。在人工智能时代背景下，信息技术专业知识已经成为专业能力不可分割的一部分，智能时代工作形式和结构组织的灵活化，也使得合作和交际能力变得更加重要。职业行动能力的多个复合维度都涵括在数字能力中。

从竞争格局来看，未来仅掌握一种技能、做重复性工作的人将面临失业危机，因为人工智能最擅长做程序化、标准化的事。我们不能跟人工智能抢标准化工作，但可以在跨学科领域比拼。因此，职业院校专业人才培养亟须复合型的数字能力。

在职业院校培养过程中将其导入专业能力和人格能力两个维度发展，才能使学生在不断发展的智能社会中拥有发挥自身优势，成为复合型专业人才。

（4）与人工智能互补的社会情感能力

《未来简史》的作者尤瓦尔·赫拉利在全球人工智能高峰论坛上表示，人类与人工智能真正的区别在于"意识"（consciousness）。社会情感能力指的就是"意识"的表达和掌握。人作为社会动物，具有很强的连接需求。相比机器人，人类会敏感于他人的想法和感受，这对于合作和建立关系是至关重要的，很难在机器中复制的同理心，在人工智能时代将变得十分宝贵。职业院校专业人才要在人工智能的学习与应用过程中提高社会情感能力，主要是指与人高效沟通和情感互通的方法及相关知识，其感知能力要向高层次升级，包括调整能力结构以符合技术发展需要，提高认知能力以匹配工作方式的智能变化，同步发展与人工智能技术互补的社会情感能力等。

综上所述，技术技能人才需要更广泛多元的知识、技能、态度和价值观，具备敏锐的观察能力，在实践中了解他人的意图、行动和感受，并能对周围环境产生积极的影响。在信息快速更新的智能时代，需要在未知和不断发展的环境中应用及转换知识。

7.1.2 人工智能时代人才培养的困境

人工智能技术的快速发展需要职业院校在人才培养过程中迅速做出反应，但就总体状况而言，我国职业院校在培养新技术条件下的专业人才还存在着系统的困境。

1. 培养目标忽视人工智能时代新要求

本书课题组在对多所职业院校专业人才培养方案研究后发现，人才培养目标基本都是停留在培养德智体全面发展的一线工作人员。某高职院校市场营销专业人才培养目标是，培养德智体美劳全面发展的优秀毕业生，毕业生就业方向面向于各类工商企业，从事日常经营与管理、市场信息的搜集与处理等工作。这种表述不仅笼统，没有凸显专业特色，更没有对现代技术发展所提出的专业能力和核心能力要求做出反应，人工智能时代对从业者所要求的信息辨识能力、非程序化能力、社会情感能力和数字能力等都未出现在人才培养的文本中，这样的"施工蓝图"很难培养出行业需要的高素质从业者。

2. 教材内容与新技术发展脱节

近年来，我国职业教育在产教融合方面虽然取得了很大的成就和成效，但由于区域产业发展的不均衡性，加上学校职业教育自身的局限，很多职业院校的校企合作依然只是停留在表层，没有建立起校企深度合作的长效机制。这直接造成了职业院校教材内容滞后，而职业院校多数专业的"知识型"特征使得其在产教融合方面的问题更为突出，教材往往成为知识沉淀的载体，很难及时反映行业技术的新进展。如职业院校普遍开设的电子商务基础课，其教材内容严重落后于电子商务应用技术的发展，且课程内容学理性强，不能与其他信息技术课程相互衔接，缺乏实用性。这使学生很难掌握电商类新知识和新技术，更谈不上创新能力的培养。

3. 传统"三中心"教学难以满足能力培养要求

以教师、教材和教室为中心的传统"三中心"教学是与间接知识学习相匹配的。而不管是专业能力还是核心能力培养，都需要以学生为中心，让学生在不断的实践中总结经验，发展和建构工作能力。很多职业院校囿于自身条件限制，在人才培养过程中，传统"三中心"教学依然大行其道。在笔者的实地调研中，某市一高职院校的教师表示："行动导向型教学不失为当代教学方法的革新之举，但在实际的教学中操作困难，教师和学生能力都难以达到其实际要求，我们学校的专业课程基本以传统的课堂化教学为主，实践设备和条件还在不断改善中，至少目前落后于智能时代要求。"可见职业院校传统的"三中心"教学模式难以适应当前产业结构的转型升级和工作模式不断变革的新时代背景，亟须改革提升。

4. 单一评价方式造就单向度的人

尽管在理论上，我们的人才培养评价有诊断性评价、形成性评价及总结性评价等，目前多数职业院校的专业课程考核仍主要运用总结性评价，倾向于以期末卷面分数作为评判标准，仅用一次考试评定学生的综合素质与实践能力是显然不合理的。这种方式实质上只评价了学生对显性知识的掌握情况，并没有考核学生的专业操作及创造创新等综合职业能力，这也使得学生成为知识灌输的对象，成为片面发展的"单向度的人"。智能时代的就业环境中存在的不可预测性需要劳动者保持较高灵活性和开放性，在运用自身专业知识和经验能力的基础上处理随时可能出现的特殊情况。"单向度的人"显然不符合人工智能时代对人才的需求。

5. 教师缺乏人工智能技术应用能力

人工智能发展下，相关数字技术技能不断渗透各行各业，知识体系的更新速度越来越迅速。职业院校教师的综合水平，特别是应用人工智能技术到实际教学中的能力等与人工智能发展背景要求之间的差距仍然较大，如目前多数教师依然以传统的课程教学模式为主导，对互动式课件的使用仍停留在PPT和屏幕投影等，缺乏运用虚拟仿真技术，拓展学习场景以实现虚拟现实的仿真教育等能力。也就是说，教师以往的高学历并不等于现在的高水平，高起点也不意味着一直能保持高水准。智能时代的职教师资不仅需具备深厚的专业理论基础与实践能力，更需在课堂中实现多源信息技术与专业教学的深度融合，培养自身应对智能化冲击的数字素养，掌握智能教学技术设备的使用方式。

7.1.3 人工智能时代人才培养的路径

1. 人工智能时代职业院校专业人才培养的有效途径

人工智能技术在持续成熟、进化的过程中不断突破人类的认知极限并超越人类自身智慧的临界点。尽管当前还处于人工智能社会的"窗口期"，但也应积极应对面临的各项挑战，设计并选择人工智能时代职业院校专业人才培养的有效路径。

（1）更新智能专业人才培养目标

职业院校专业人才的高级认知技能、信息辨识能力、复合型数字能力及社会情感能力等不是抽象的，它的具体表现是能够适应人工智能技术在工作中不同场景的应用，利用人工智能技术解决现实问题，并与人工智能合作创造新产品、新服务与新工作模式。2018年教育部颁布的《高等学校人工智能创新行动计划》提出，在职业院校贴近人工智能领域的相关专业培养目标中增加一些与人工智能有关的内容，为人工智能应用领域培养合适的技术技能人才。职业院校需要在"德智体美劳全面发展"的人才培养高层次目标指导下，设计具体的、面向工业4.0生产需要的层次化、特色化的人才培养目标。应着力培养既懂互联网技术（IT）又懂工业运营技术（OT）的跨界复合型人才。职业院校需要充分利用大数据收集企业最新人才需求信息，及时对接行业先进企业用人标准，根据其相关变化要求重新定位专业人才培养目标，设定新的人才培养规格，把高级认知技能、信息辨识能力、数字能力以及社会情感能力等目标融入课程目标，落实到每一节课的教学中。

（2）加快构建"人工智能+"专业群

传统"工种"的概念是与泰勒制生产模式相匹配的，"精益4.0"生产模式的发展对技术技能人才的综合职业能力提出了更高的要求，职业院校的人才培养一定要突破原有"专业"建设的局限，要在学生综合职业能力培养上下功夫，整合资源，拓展基础，加强专业群建设势在必行。因此，职业院校各类专业首先应聚焦产业发展重点领域，结合学校自身优势调整专业结构，改变当前单个专业各自为政、松散建设的局面，发挥以核心专业为引领、多个相关专业融合发展的专业群建设优势。未来人工智能的发展会像第二次工业革命时期的电力一样，将会与各行各业进行充分的融合发展。在进行专业群建设的过程中，应加快新一代人工智能技术与相关专业群的融合，要打破传统学科界限，突破原有专业间的堡垒，进行专业重组、课程重构，以"人工智能+"打造面向未来产业发展的高端专业群。

（3）教学场景的智能化建设

教学环境是教育中介的关键一环，教学场景的智能化建设是职业教育人才培养升级的保障。首先，人工智能赋能职业教育的核心环境是教室中的课堂，"智慧课堂""智慧教学"等离不开智能微观教学场景的建设，学校应建设一批更贴合学生认知方式的多样化、高效、真实、生动、个性化、便捷、开放、易共享的智慧教室，打造虚拟和现实相互结合的智慧校园育人环境，更好地满足学生智能化学习、自主性学习、个性化学习等需求。其次，职业院校要善于利用大数据、人工智能、区块链、增强现实（AR）、虚拟现实（VR）等技术手段，在专业教学内容的呈现、多维教学资源的获取、教与学实时互动、教学监控及课堂效果评估、教学环境管理等方面进行全面改进，以贴近技术，贴合学生需求，提高学生学习兴趣，成就智能型专业人才的发展。

（4）倡导以人为本的情感教学原则

人工智能时代技术发展使就业市场对劳动力的能力需求瞬息万变，工作技能要求在不断地更新迭代，但从业者优异的职业素质、思想品德及情感认知能力将难以被取代。以人为本是以学习者为中心教学方法所追求的核心价值，以学习者为中心的教学方法也是培养学生综合职业素质，激发个体生命创造力和个体情感的有效途径。首先是培养学生的情感能力，因当前智能机器人只能取代无须运用主观能动性的重复性工作，职业教育的育人属性在人工智能时代更不能被弱化。职业院校教师要坚持"育人为本，技术为用"的教学原则，培养学生具备能从事情感交流、创新设计和审美判断等人文性工作的综合素质。其次是培养学生的实践能力，教师应适当摒弃传统填鸭式的讲授教学法，掌握并运用翻转课堂、混合式教学、项目教学和任务驱动教学法等以学习者为中心的方法进行专业知识的传授，才能有效培养学生的综合操作能力和多元化、个性化的思维，从而适应人工智能时代发展的相关需要。

（5）提升专业教师新技术应用能力

人工智能时代的教师需要不断提升智能教学的专业能力，包括人工智能辅助教学的软硬件操作技能，如利用智能技术拓展学生的学习空间、搭建专业融通的学习场景，通过远程协作、社会网络和同步课堂等智能手段创新网络云端授课方式等。在此基础上，教师需不断学习人工智能时代"育人"的新教法，成为"人工智能+"不同专业的复合型教师，在实践中充分借助智慧信息技术、数字化载体与媒介等智能教学手段更好地掌握学生个性化需求和认知方式，从而实现因材施教，最大限度地满足学生的智慧成长需要。另外，随着学校与行业技术鸿沟的不断加大，职业院校应切实与行业企业建立长效合作机制以引进、培养人工智能时代所需要专兼职教师。教师必须熟悉劳动力市场的需求并具备基本的数据素养，能通过分析相关数据了解学生的学习兴趣、学习障碍和已具备的知识储备等，并据此不断调整教学设计，优化教学过程，更好地促进和实现学生个性化教学，提高教学质量。

（6）实施智能化专业教学动态评价

职业院校应在教学评价中融入云计算、大数据等数字化技术手段，改革传统教学的一次性、终结性评价方式，并基于大数据技术建立动态性、过程性、多向性的新型评价方式，让教育者在完整的学习过程中通过课堂提问、教学反馈及观测实践操作等方式时刻对学生的学习情况进行基本掌握，以学生的多方面表现作为评价要素，实现从单一的知识评价转向综合素质评价，从而及时调整自身教学方式和指导学生改进学习策略。在此基础上，人工智能时代的教学反馈亟须基于大数据的评价模型，学生的学习结果评价不应局限于学校和教师的反馈，应根据智能时代企业工作标准对新劳动力的要求，通过基于学生在校学习及相关企业实践的大数据评价模型给学生一个更科学、全面的综合评价。在教学评价模式的优化下，学生将更及时地调整学习策略和改善不足，发展成为智能时代所需的新专业人才，其相关的学习及实践数据也将成为未来求职和终身就业的最好通行证。

2. 人工智能时代的合格技能技术人才的表现

人才是创新的第一资源，高技能人才则是促进产业升级、推动高质量发展的重要支撑。然而，我国"技工大国""技能强国"建设的人才瓶颈明显。技术更新与人力投入之间亦存在明显的替代效应，但是，互联网的发展也导致了界面（UI）设计师、安卓/苹果（Android/iOS）程序员、互联网产品经理等新兴职位的蓬勃发展。一项全球评估显示，到2030年30%的工作活动可以实现自动化。

人工智能时代，关于人工智能即将大规模蚕食人类工作岗位特别是技能岗位的预言，一直是热门话题。面对人工智能来袭，什么样的技能人才能够赶上时代的列车？结合人工智能的技术本质与劳动力特征，可以认为，人工智能时代的合格技能技术人才必须实现从态度到实践、从理念到行为、从内在到外在的全面跃迁，在理念层面、专业层面和实践层面掌握与机器竞争、对话、合作的能力。

（1）有工匠精神的"螺丝钉"

理念是行为的先导，科学而超前的理念将有助于引导技能人才醉心技艺的磨炼与提升，而忽视外界尘俗带来的诱惑与吸引。2016年政府工作报告提出，要培育精益求精的工匠精神。

对于技能人才而言，人工智能不仅不标志着一个时代的终结，反而预示着一个时代的开始，对人才队伍建设提出了新的更高要求。具有工匠精神的人才会全身心地投入到自己的工作中，不断地尝试着提高自己的技能水平，并保持高度的专注力和耐心。这种人在工作中非常认真负责，不论任务多么烦琐或者困难，都会尽心尽力去完成。也具备创造力和想象力，能够在工作中寻找到新的解决方案和创新点。他们不仅能够按照既定的计划执行任务，还能够给出建设性的建议，并帮助团队取得更好的成果。并且，作为新时代的技能人才，更应该具有前瞻性的眼光和思维，走出思维定式，打破木桶"短板"，从而实现技术、人际和概念技能的整体性推进。

（2）有真才实学的"金刚钻"

人工智能时代的到来已经产生了一些新职位。做互联网报道的媒体人等"旧职位"在"人工智能化"升级后，需转型做人工智能领域的垂直媒体等。对于人工智能时代的技能人才而言，专业是第一位的，不仅要有过硬的专业知识，更要有能够把自己所掌握的理论、知识和先进做法推而广之的能力。

面对大数据、人工智能、区块链等提出的知识化挑战以及冲击高精尖技术的现实需求，必须培养一批具有真才实学的执行者，即能"揽瓷器活"的"金刚钻"。需要注意的是，技能型人才队伍的建设应该是有层次、分门别类的。针对基础攻关，应该能够沉下心、耐得住寂寞，从零开始培养特定人才；与此同时，对于那些当前急需的大数据分析、人工智能、智慧政府等方面的人才建设与培养，也应该加大力度，从而打造一支能够匹配我国全门类制造的人才队伍。

(3) 有进取意识的"学习者"

"学习者"通常指那些具有强烈进取心和求知欲的人。他们不断地探索新的领域，积极寻求学习和自我提升的机会，并且持续地追求进步和成长。这种进取意识对于个人的发展非常重要。它可以帮助人们拓宽视野、增强思考能力、提高自我价值感和自信心，以及更好地应对未来的挑战。

"学习者"需要有一定的自律性和毅力，不断保持学习的动力，坚持不懈地克服困难和挑战。同时，你还需要拥有广泛的知识储备和学习方法，以便更快、更有效地掌握新的知识和技能。

单元二　人工智能与未来职业发展

尽管很多人对人工智能自动化技术未来会导致的大规模失业和裁员感到担忧，但同样的技术创新也会给全世界各地带来大量的新型工作岗位和服务机会。就像之前的社交媒体、数字出版物和电子商务给全世界带来的改变一样，人工智能革命将会激发出新的职业。

7.2.1　人工智能带来的新职位

人工智能将影响每个行业和每个国家的每一项工作。人们强烈担心人工智能将彻底消除工作。许多报告暴露了劳动力自动化的严酷现实，尤其是对于某些类型的工作和人口统计数据。例如，自动化类的工作将会被替代，重点是那些以日常工作为基础的低薪阶层。如，客服类工作，随着自然语言处理技术的不断提升，聊天机器人等人工智能解决方案在客户服务领域越来越普及，可能替代人力进行电话客服。需要注意的是，虽然人工智能的发展可能会对一些传统的岗位造成影响，但同时也会创造出新的工作机会，例如机器学习工程师、数据科学家、自然语言处理专家等。

7.2.2　智能系统的维护岗位

人工智能+工业包括：人工智能+智能维护（如预测性维护）、人工智能+生产调度优化（如计划优化）、人工智能+供应链优化（如库存优化）、人工智能+工艺优化（如机器视觉应用于缺陷控制）等，可以说人工智能可以应用于工业的各个方面。下面将简要说明人工智能+智能维护。

1. 应用于人机交互

简略地说，智能维护应当包括先进的维护战略、管理方法、维护人员、维护资源和信息化支持支撑平台。信息化模块是智能维护的重要组成部分，但由于信息技术发展日新月异，信息化支撑环境与维护人员的交互技术一直是"不友好"的，包括早期的键盘、鼠标和电子显示屏，到当前常用的PDA的触屏交互等。而正在好友

人工智能与社会

好的交互应该是"自然的",如人与人之间的交互是自然的,包括语音、手势、视觉、听觉等。我国人工智能当前最为活跃和最为市场化的领域也是人机交互。因此,应致力于把智能化的人机交互技术应用于维护领域,使人与信息化平台能够实现"自然"交互。当前研究与应用的热点包括:

①增强现实应用于维护,实现物理与数字的融合。
②穿戴式设备用应于维护,解放双手。
③精确、无感定位技术,实现信息的精准推送。
④语音、手势交互,实现人机的无触式交互。
⑤基于自然笔输入的信息识别与采集,回归自然。

2. 应用于状态监测

要实现设备的全面数字化和可视化,其状态的可监测性仍然是困难之一。受技术和工艺的限制,很多技术状态、工艺状态、质量状态无法采用合适的技术直接获取。人工智能技术的发展为状态监测开辟了新的思路,包括:

①机器视觉技术应用于状态信息采集,包括图像检测、CCD测量等。
②虚拟仪器技术应用不可直接测量的状态测量中。
③基于大数据状态分析方法,实现隐性状态的可视呈现。

3. 应用于故障预测

故障可预测是维护技术管理重要方向。实现可预测,就需要建立重要零件、关键部位的预测模型。一般可以采用基于物理模型的故障预测、基于统计模型故障预测和基于数据的故障预测。事实上当前复杂设备的故障统计学模型已远远超出传统机械设备的浴盆曲线模型。而计算技术、物联网技术和机器学习技术的发展,为基于数据的故障预测提供了发展机会,包括:

①多信息融合状态诊断与故障分析。
②机器学习应用于故障预测,包括有监督学习和无监督学习。

4. 应用于维修决策

基于状态呈现、故障预测的结果,必然会影响现行的以经验为主的维护策略。合理的维护时机的选择是人工智能可以应用的重要方面,包括:

①建立寿命预测模型,开展关键部件的寿命预测和维护时机决策。
②建立重点设备健康评价模型与维护决策。
③故障预测与专家知识相结合,应用于故障的针对性分析与维修决策。

5. 应用于服务管理

智能维护与传统设备维护的重要变化还表现在维护目标上。传统维护目标侧重于保证设备自身的技术状态处理良好,而智能维护站在客户的使用价值层面,实现设备有效价值的输出呈现,即通过维护实现设备良好技术状态,并实现加工质量、加工效率、节能降耗更加优化,支撑制造系统中良好运转,包括:

①基于设备运行大数据,采用人工智能技术开展工序优化,包括质量优化、工艺优化、节能减排等。

②基于设备运行数据及供应链数据,开展零备件经济管理。

③基于设备运行数据,开展人因工程优化,降低人工劳动强度。

图7-2所示为无人机巡视检测。

图7-2　无人机及其巡视检测

7.2.3　人工智能无法取代的岗位

人工智能算法会渗透到每个行业、每个工作,它甚至会改变人类做事的许多方法,对于个人、企业和社会带来的变革,比之前的互联网革命影响力更大。人工智能对个人和社会带来的改变,将超过之前发生的所有工业革命和技术革命。

随着深度学习应用的普及,人工智能势必会冲击全球经济,整个经济体系上上下下数十亿的就业机会如会计师、流水线作业员、仓储作业员、股市分析师、质检员、货车司机、律师助理、放射科医生等,都会受到冲击。

分析人工智能取代工作岗位,不能仅仅用传统"低技能"对比"高技能"的单一维度来分析。人工智能既会产生"赢家",也会产生"输家",这取决于具体工作内容。尽管人工智能可以在基于数据优化的少数工作中远胜人类,但它无法自然地与人类互动,肢体动作不像人类那么灵巧,也做不到创意地跨领域思考或其他一些需要复杂策略的工作(因为这些工作投入的要素和结果无法轻易量化)。一些人类看上去很难的工作,在人工智能看来可能是非常简单的。一些在人类看上去很简单的工作,可能是人工智能的死穴。

下面简单列举几种很难被AI取代的工作。

1. 健身教练

尽管未来总会有更高质量、更智能的健身器材帮助我们锻炼,但健身教练无可取代的地方在于,他们能为我们每个人量身打造健身计划,在旁陪练指导,还能敦促我们坚持锻炼,避免犯拖延症。

2. 养老护理

这类工作包括养老护理员、家庭健康护理员、私人护理员以及护士助理,不过最大的岗位空缺将出现在与养老护理相关的领域。考虑到人类寿命延长、老年人对

人工智能与社会

医疗保健的大量需求以及填补此类工作空缺的难度，这一需求还会不断攀升。

3. 清洁工

像房屋清洁、园艺以及其他需要在非固定结构空间内进行且所在环境较为多变的工作，对于机器人而言难度太大。

4. 护士

护士、保育员、心理健康辅导员以及戒毒治疗师是最难被机器替代的工作类型之一，这类工作涉及大量的人际互动、沟通和信任的培养。

5. 运动员

虽然未来机器将比人类更擅长比赛，但体育运动不会因此而受到丝毫的影响。这些都是需要人类参与的娱乐活动。

延伸： 技术之思——人工智能的本质

随着计算机科技的高速发展，"人工智能"的研究取得了长足的进步。随着阿尔法围棋在人类引以为傲的围棋领域中让人间棋圣尽尝败果，"微软小冰"以诗人的身份混迹文学圈乃至出版诗集却一直未被人发现，人工智能谱曲、播报新闻的案例亦是屡见不鲜……人工智能的一切进展在反映科技事业的长足进步的同时，也让人类智能的优越性受到挑战，关于"人类将被人工智能取代"的恐慌也在社会上出现。

那么人类是否会被人工智能取代？

人工智能是科学高度发展的智能化产物，其自身的本质依旧是技术人工物。任何广义的人工物，都具有主导其功能与构成的形式和质料。

从技术发展史的角度来说，人工智能的研究起步于对人类智能的模仿，因此人类的形式就是其追求的终极的形式，只是它用以实现人类智能的质料又与人类的肉身大相径庭。比如，各类金属或有机材料是构建人工智能的机械身体的物质质料，各类运算机制和计算方法则是实现计算机智能的语言质料。这些现实的差异，以及人工智能后来所取得的一系列进步，让我们开始习惯于用一种对立甚至敌对的眼光去审视人类模仿自己而创造的各种人工智能产物。但不能忽视的是，技术人工物得以持存的原因是某些目的性的实现。此时一个更加现实的问题就是，当人类不是以一种对立的姿态看待人工智能，而是以一种相互交融的态势与人工智能发生关联将会发生怎样的变化？

人类其实不单单可以作为人工智能所模仿的形式而存在，也可以作为技术系统当中真实有效的质料或部件。脱离开对人工智能的具象化的刻板预设，让人类、计算机和手机等智能单元都成为数据运算的可能参与者，这将是一种能让人工智能更快提升功能的解决方案。因此，在技术人工物的视角下审视人工智能的发展，其实质就是提供实现某类功能的可行的解决方案。在这种意义上来说，人非但不会存在被取代的可能，更可以与技术产物相互交融构建新的系统，人类智能不仅是人工智能研究中终极意义上的形式与目的，也是智慧功能实现层面上可以带来现实意义的行动者。

维纳用《人有人的用处》这一书名，来提示人们在控制论和信息论背景下应该重新思考"人"的概念。这里我们用"人有人的用处"来回应，为什么在现实的实践的视角下，人类不会被人工智能取代。当人类摒弃了人与机器的对立态度，在一个可以平等进行信息交换与计算的网络上共建一个人工智能系统，人类既能依旧作为智能系统的终极目的而发挥类本质层面上的导引作用，又可以在个体层面上履行新的社会分工责任——人将仍然有人的用处。

小　结

随着计算技术的飞速发展，人工智能已经从最初的科研领域逐渐渗透到社会的各行各业，成为推动社会经济发展的重要力量。人工智能技术的广泛应用不仅带来了生产效率的提升，也促使了劳动市场的系统性变革。

本模块全面探讨了人工智能在未来职业领域的深远影响及其应对策略。文中首先指出，人工智能将重塑职业教育体系，对技术技能型人才的素质提出了更高要求。新时代的职业人才需要具备信息辨识能力、高级认知技能、复合型数字能力以及与人工智能互补的社会情感能力。这些能力的提升需要职业院校在人才培养目标、课程体系、教学模式、教师能力以及教学评价等多个方面进行综合改革。

通过本模块的学习，我们可以清晰地认识到人工智能在未来职业中的核心地位，以及面对技术变革时应采取的积极应对措施。这为我们未来的职业发展和职业教育改革提供了重要的参考和指导。

模块八

人工智能产业案例——科大讯飞中部某县"智医助理"项目书

引言：

人工智能融入社会、人工智能赋能社会、人工智能重塑社会。人工智能被认为是下一片蓝海，新兴技术的诞生与火爆，让各行业重新审视服务与算法的关联性。随着数字基础设施建设提速，更多潜在应用场景将不断涌现。智能制造、智慧城市、智能矿山、智能供应链等，为拓展人工智能应用提供了广阔的舞台。加速新技术落地，有助于保持人工智能发展的优势。挖掘更多应用场景，着力打通落地环节，推动人工智能与相关行业深度融合，人工智能应用必将发挥更关键的作用。

本模块将从国内著名人工智能科技公司科大讯飞的实际案例出发，从行业背景、现状分析、建设方案以及多方效益分层次讲解，详细阐述人工智能如何助力医疗行业。作为人工智能赋能医疗的典型案例和优秀实践。

知识导图：

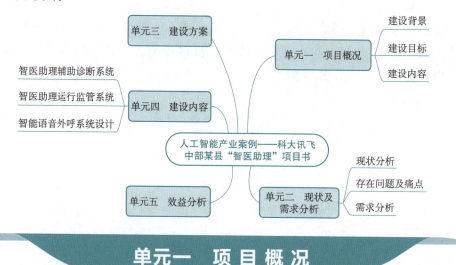

单元一　项目概况

8.1.1　建设背景

2017年，科大讯飞"智医助理"机器人以456分的成绩通过了国家临床执业医

模块八　人工智能产业案例——科大讯飞中部某县"智医助理"项目书

师笔试测试，使得机器人具备了成为全科医生的潜质。在核心技术取得突破后，科大讯飞研发了面向基层医疗机构的"智医助理"产品，为基层医疗机构医生提供人工智能辅助诊疗服务。智医助理系统可辅助基层医疗机构医生诊断基层疾病，已在全国范围内的县区基层医疗机构应用，服务基层医生，系统协助医生完成电子病历、规范病历，促使基层电子病历书写规范率提升，诊断合理率提升，系统每日自动筛查疑似误诊危重疾病给上级医生审核及干预，为患者提供诊疗闭环服务，有效规范了基层医生的诊疗行为，极大地提升基层医生的诊疗服务能力。

8.1.2　建设目标

项目充分发挥"互联网+"、人工智能等新技术在服务效率和服务能力的优势特点，探索在基层辅助诊疗、上下级协同、患者服务以及卫生部门监管决策等方面的应用，创新基层智慧医疗服务模式，提升基层医疗机构服务能力和医生诊疗水平，提高基层医疗健康服务体系的整体服务和管理能力，逐步形成"基层首诊、双向转诊、急慢分治、上下联动"的分级诊疗模式。

构建面向基层医疗卫生机构的"智医助理"系统应用服务体系，以医学认知智能技术为基础，以自然语言理解技术、云计算技术、互联网技术等为辅助手段，通过赋能基层医疗卫生信息化系统应用，在服务流程、服务工具、服务方式、服务效率等方面进行突破创新，有力支撑项目县、乡、村三级基层医疗卫生服务高效开展和稳定运行，切实提高基层诊疗能力和服务质量，并主要达到以下两方面目标：

1. 构建人机耦合新型诊疗服务模式，提升基层诊疗服务能力

让每个基层医疗机构的医生都拥有一个虚拟人工智能医学助手。在问诊过程中，根据问诊逻辑针对性提示基层医生对患者进行病情问诊；在病历书写过程中辅助基层医务人员完成电子病历的书写，帮助医生规范和完善电子病历，提升基层电子病历书写质量；在诊断过程中，系统基于医生输入的患者病历数据进行智能化分析和判断，协助基层医生对病情进行准确判断，避免出现漏诊误诊的情况。

2. 为卫生管理部门提供基于基层诊疗过程实时数据的行为监管和决策分析支持

基于不同维度的数据分析结果，为省、市和县（市、区）卫健委提供可视化服务界面，以可视化形式展现基层诊疗业务数据动态，按照时间、行政区域和机构名称多条件精确展示所有基层医疗机构电子病历、诊断等诊疗相关业务信息，为管理部门提供监管基层诊疗质量的抓手。

8.1.3　建设内容

我国中部某县科大讯飞"智医助理"项目建设清单见表8-1。

人工智能与社会

表8-1 我国中部某县科大讯飞"智医助理"项目建设清单

序号	建设模块	建 设 内 容	数量
1	智医助理辅助诊疗系统	系统根据患者就诊电子病历信息，按照置信度排行，为医生提供该病历信息对应的疑似疾病列表。同时，针对不同的疾病，为医生提供疾病图谱分析、检查、用药和处置等智能辅助建议	1套
2	智医助理运行监管系统	以可视化形式展现基层医疗机构智医助理辅助诊疗系统实时数据动态，按照时间、行政区域和机构名称多条件精确展示基层医疗机构相关信息，内容包括病历数量、辅诊建议数量、医学检索数量等各类管理指标	1套
3	智能语音外呼系统（电话机器人）	系统主要面向基本公共卫生和家庭医生服务的重点人群，提供健康档案采集、预约提醒及通知、满意度调查等智能语音外呼服务，提升家医服务工作效率	
4	接口对接	完成智医助理辅助诊疗系统与基层HIS、基层LIS系统的数据对接	1项
5	培训及实施	①私有云服务器部署、调试； ②智医助理客户端安装、调试； ③系统培训	1项
6	系统运营及运维	配合项目县出台响应的考核、激励政策，推动产品快速落地，协同本地区，通过多种宣传、运营形式，打造系统应用示范单位	1项

单元二 现状及需求分析

8.2.1 现状分析

项目县地处中部某省西北部，总面积805 km^2，下辖4个街道、6个镇、5个乡，现有人口74万（2019年）。全县现推进以县人民医院为龙头、乡镇卫生院为枢纽、村卫生室为基础的县乡一体、乡村一体管理。鼓励乡镇卫生院对村卫生室实行人员、药品、资产、材料等为主要内容的一体化管理。医共体内各医疗机构在规章制度、技术规范、人员培训、质量控制、绩效考核等方面执行统一标准。

为进一步提高基层医疗卫生服务能力，促进农村居民就近获得方便快捷、安全有效、医保覆盖的村级医疗卫生服务，提升农村居民就医获得感，省卫生健康委按照"互联网+医疗健康"示范区创建工作整体要求，积极发展"互联网+医疗"，借力信息化建设为基层医疗卫生机构减负赋能，推进基层医疗卫生机构智慧健康服务惠民，升级改造现有的基层卫生信息网络，实现县、乡、村医疗卫生机构信息互联互通，着力打破"信息壁垒"。

8.2.2 存在问题及痛点

1. 基层医疗服务能力与国家标准要求存在差距

乡镇卫生院（社区卫生服务中心）主要负责常见病、多发病诊疗等综合服务，并承担对村卫生室（社区卫生服务站）的业务管理和技术指导，在开展本卫生院医疗服务工作的同时，需要对所管辖的村卫生室进行业务指导及医疗帮扶，不定期地对村卫生室医务人员进行业务培训，接受村卫生室医生发起的会诊请求。基层医疗机构工作繁杂，对基层医生的数量与诊疗技术水平均提出了一定要求。

2015年9月，国务院发布的《关于推进分级诊疗制度建设的指导意见》对我国分级诊疗工作考评标准提出了量化要求，其中，到2017年基层诊疗占比≥65%，县域内就诊率≥90%，慢病规范化诊疗和管理率≥40%；2019年4月，国家卫健委出台的《乡镇卫生院服务能力评价指南和社区卫生服务中心服务能力评价指南》提出，A级社区卫生服务中心、A-1级乡镇卫生院能识别和初步诊治100种常见病多发病。

当前项目市基层医疗机构整体服务水平较低，相应编制和资源有限，无法在服务供给数量层面为服务能力的提升提供有效支撑；另外，基层医师学历水平较低，自身服务水平有限，且缺乏持续学习的有效途径，无法在服务供给质量层面为服务能力的提升提供有效支撑。

2. 监管质检缺少信息化手段和数据支撑

对于基层医疗机构的电子病历规范书写，国家相关部门提出了明确要求，但是基层医生水平良莠不齐，诊疗过程相对不规范，基层门诊电子病历书写率较低，不符合国家对医疗机构电子病历应用管理规范的要求，影响主管单位对基层诊疗的管理。

问题的根源一方面是基层医生欠缺有效的信息化手段，能力提升渠道受限；另一方面是各级卫生健康主管部门缺乏对基层诊疗过程和质量进行及时全面的监管，很难建立和完善一套兜底保障体系。

8.2.3 需求分析

1. 用户需求分析

项目从使用用户角度看，主要分为以下四类用户，他们的需求如下：

（1）基层基本医疗业务人员

该类用户主要关注的是如何保证基本医疗服务质量、提高服务效率、个性化教学培训的有效开展、针对性服务的高效开展、传染病发现能力的提升和减少信息化系统的使用负担。当前基层医疗医务人员本身存在人力短缺、能力不足等问题，又需要承担大量常见病、多发病、慢性病的诊疗工作，同时针对区域传染病还需及时发现并予以上报，但自身缺乏相关知识储备，难以在不脱岗的情况下，低成本、高效率、持续地获得系统的继续教育培训。因此他们不仅需要利用人工智能技术提高诊疗水平、工作效率及疫情预警监测能力，也需要智能化、个性化的学习与培训体系予以支持。

（2）基本公共卫生业务人员

该类用户主要关注的是如何提高公卫服务效率、提升服务满意度、减少信息系统信息录入负担。当前项目县公卫医务人员工作任务繁重，平均每个家医团队要管理近2 000名居民，其中公共卫生随访、计划免疫通知、健康教育等工作占用了大量诊疗时间，服务能力有限。公卫医生急需帮助他们解决日常事务性工作的助手，将他们从重复机械的工作中解脱出来，把更多的时间用于关注重点人群，为患者制定更为人性化与个性化的健康服务。

（3）管理人员

该类用户主要关注的是如何提高区域资源共享水平、公共卫生预警与防控、强化绩效考核、提高监督管理能力等。当前各级全民健康信息平台主要存储的是患者健康档案数据与静态数据，卫生主管部门缺乏实时的诊疗业务数据监管抓手，尤其是基层医疗机构的实时数据，同时缺乏针对基层全量诊疗内容的监管手段。因此，系统运行监管需具备以可视化形式展现基层医疗卫生机构实时数据动态，按照多维度精确展示基层医疗卫生机构业务开展质量，以及针对诊疗内容的分析处理能力。同时，针对区域性不明原因疾病和异常健康事件监测目前缺乏有效的信息化手段支撑，迫切需要建立智慧化预警多点触发机制，加强传染病等重大疫情应对处置能力建设。

（4）居民个人

该类用户主要关注的是如何能获得便捷、优质、连续的卫生服务。居民个人对于便捷可及的医疗资源获取、诊疗过程的安全性提升等实际性健康需求日益倍增。获取更好的服务质量，更高的服务效率，更低的服务价格，享受到主动、便捷、个性化、全方位的疾病诊治、医疗咨询是居民的根本需求。

2. 业务功能需求分析

（1）智医助理辅助诊疗系统

人工智能辅助诊疗系统可提供相应智能化手段支撑乡镇卫生院的日常医疗服务，如基层常见病辅助诊疗，助力提升整体服务能力。

村卫生室承担行政村的基本公共卫生服务及一般疾病的诊治等工作，在遇到疾病诊断、治疗困难时，需向上级医疗机构发起会诊、转诊请求，智医助理辅助诊疗系统可提供相应智能化手段支撑医生的日常医疗服务，提升工作效率与服务水平。

（2）智医助理运行监管系统

县卫健委作为本次项目的建设和统筹单位，通过运行监管系统统一开放的查看权限，可直观了解到基层医疗机构动态的数据信息，对项目的建设效果、运营情况、管理指标等进行实时的查看和浏览，用数据来支撑相关的科学决策支持。通过建设本项目，进一步提高基层医疗卫生服务能力。

（3）智能语音外呼系统

智能语音外呼系统基于人工智能核心技术、智能语音交互技术与智能外呼服务平台，按照家庭医生工作内容为不同人群制定外呼方案，通过专业的互动用语，自动进行电话或短信服务，帮助家庭医生完成慢病随访、健康档案更新、考核与满意度调查、体检预约、通知宣教等日常工作和考核任务，最大程度上降低医护人员的工作负担，让其能比较轻松地对大量签约居民和患者进行服务，进而有效地改善医患关系，促进签约服务提质增效。智能语音外呼系统通过电话、短信和问卷三种服务方式面向基本公共卫生、家庭医生、医院随访管理、医保控费、医疗卫生监管和疫情防控等服务场景提供不同的服务内容。

同时，系统还可进一步完善多病种疫情防控响应速度，支持针对不同人群，不同类型，不同疾病自动开展疑似人群筛查、确诊患者随访、康复患者管理、健康人群宣教等服务，提高疫情防控和应急处置能力。

单元三　建设方案

"智医助理"项目整体架构设计如图8-1所示。

1. 数据对接层

数据对接层通过内网，完成对信息系统的对接，通过实时调用接口和全量/增量同步数据的手段，完成集成HIS数据的对接。

2. 基础设施层

基础设施是"智医助理"应用平台的运行基础。基础设施层为整个平台提供基础计算能力、存储能力、网络支撑能力以及分布式存储能力，从而保障平台的安全、稳定、高速运行。基础设施包括服务器、存储及相关的网络、安全设备。

3. 数据层

本项目采用一主多从的高可用架构，同时进行业务分库，读写分离，将业务库分为基础数据库、辅诊数据库、缓存数据库、日志数据库、统计分析数据库。数据层为本项目提供智医助理数据存储服务，实现患者电子病历数据、辅助诊疗数据及应用数据相关数据的存储服务及数据管理。系统引入Kudu作为数据持久化存储，原始层、明细层、汇总层和应用层的数据都存入该存储中。

4. 支撑平台层

支撑平台层向应用端提供医学语义理解、医学领域知识图谱构建、大数据分析、质控质检等人工智能技术能力。支撑平台可为辅助诊断、诊断质控、指南推荐、知识图谱、智能语音等核心业务应用提供基础能力。支撑平台采用项目县统一部署的方式，为医疗机构提供核心能力服务。

5. 业务应用层

"智医助理"业务应用层依托"智医助理"支撑平台层的核心能力服务，为医生在诊室桌面端提供辅助诊断、诊断质控、智能语音等功能。技术架构使用混合式，基于Chromium内核进行二次定制封装，兼容性满足常用的办公操作系统，给用户带来更好的用户体验。

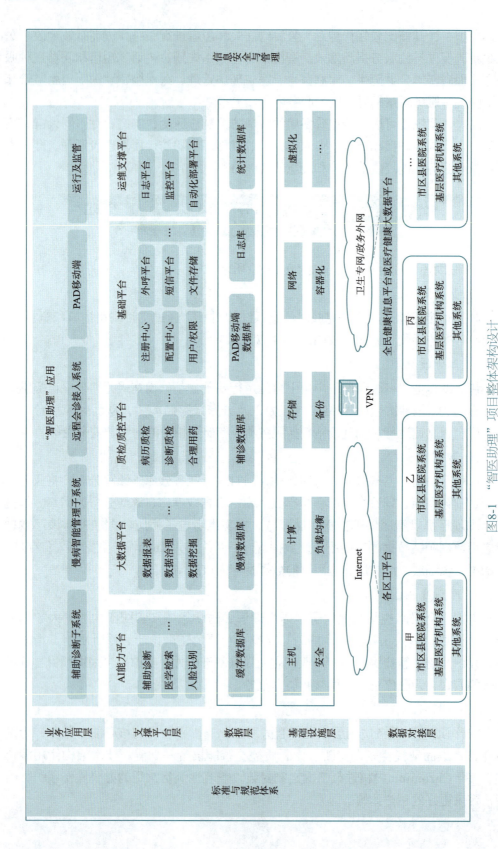

图8-1 "智医助理"项目整体架构设计

单元四 建 设 内 容

8.4.1 智医助理辅助诊断系统

1. 系统概述

智医助理辅助诊疗系统与现有HIS/LIS系统进行数据对接，针对基层门诊场景，覆盖基层医院各科室常见病种；具备完整的诊断能力，可根据主诉、现病史等必要条件，直接反馈诊断列表，根据查分排序模块提供相应的可信度，并提供相应的诊断依据供医生参考；同时，根据当前的患者情况及诊断情况，自动推荐优选治疗和用药方案、历史优质相似病例供医生参考。

2. 业务流程

智医助理辅助诊疗系统业务流程如图8-2所示。

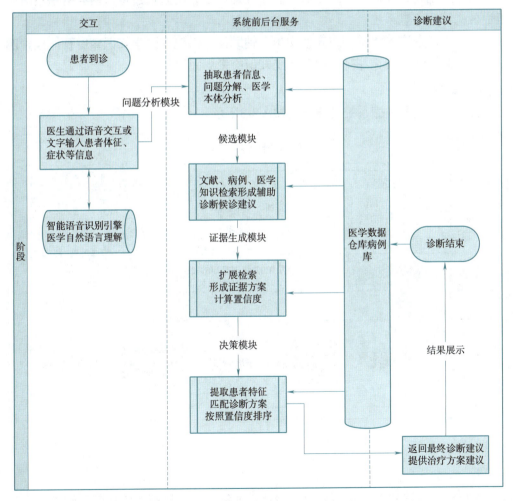

图8-2 智医助理辅助诊疗系统业务流程

智医助理辅助诊疗系统主要适用于以下场景：

场景一：提供辅助诊疗建议。结合患者基本信息、现病史、既往史、检查检验等信息，给予辅助诊疗结果和疾病可信度排行。

场景二：提供辅助诊疗详情。提供疾病详细信息、常见用药、常规检查等。

场景三：医学检索。根据搜索条件，提供对应病症、药物的详细信息和指南文献。

智医助理辅助诊疗系统主要业务流程如下：

①基层医生在基层医疗卫生机构管理信息系统接诊，通过语音或文字在界面中记录患者病情及症状或检索信息。

②辅助诊疗系统通过与基层医疗卫生机构管理信息系统的数据接口读取本次诊疗患者的体征信息、症状、现病史、既往史、家族史等信息，或检索信息。

③辅助诊疗系统通过辅诊引擎综合评估，辅助制订检查检验计划，结合检查检验结果形成辅助诊疗建议，给予诊疗和用药建议等，结果通过接口返回给基层医疗卫生机构管理信息系统。

④基于拟查询的关键词或自然文本，辅助诊疗系统在医学知识库中智能检索匹配生产相关检索条目，在辅助诊疗系统知识检索界面展示。

3. 系统功能

智医助理辅助诊疗系统功能架构如图8-3所示。

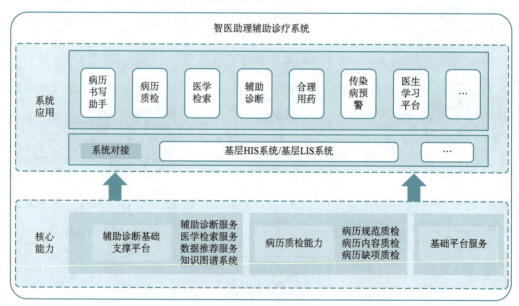

图8-3　智医助理辅助诊疗系统功能架构

4. 智能问诊

根据循证医学逻辑，通过层层问诊路径的提示，引导医生完成门诊问诊，同时自动完成病史采集工作，帮助医生完成门诊病历书写。

5. 病历书写助手

（1）病历模板

提供常见的电子病历模板，支持医生根据患者病情，一键采用较为贴合患者病情的病历，提高电子病历书写效率，病历内容可回传至HIS系统中，病历回传功能需HIS系统第三方厂家配合联调。

（2）历史病历

系统支持查看基于患者当前病历情况下的其他相似病历信息，医生可以查看相似病历中的病情相关信息，以便给予医生进行参考分析。为了能够全面地了解患者病情，系统支持查看基于患者信息的历史病历，实现基于患者个人信息、电子病历信息，提供当前患者的历史病历，以供医生做参考分析，方便医生进行病情回顾。

6. 病历质检

（1）实时质检

针对病历进行书写主观错误、病历术语不准确、诊断与主诉不符等问题，给出详细的质检提醒信息以及改进建议。

（2）病历质检分析

支持查看病历书写情况，包括病历质量展示、病历数量显示、相关占比等信息。

7. 医学检索

通过医学检索的功能，基层医生能够根据自己的需要，在系统中进行知识检索，辅助医生提高自身医学水平。基层医生可在系统中完成医学内容检索，系统实现医学知识检索结果的相关度排序展示，并帮助医生详细了解疾病知识和诊疗信息，包括指南文献等内容。

8. 辅助诊断

（1）疑似诊断提示

根据基层HIS/LIS系统提供的患者基本信息、主诉、现病史、既往史、检查检验等数据，智能推送疑似疾病诊断信息，为全科医生提供需要考虑的疾病列表、对应的可信度及危重病转诊提醒。如需详细了解该病症，可点击详情，进入系统界面，查看该病症详细讲解信息，满足医生对疾病进一步了解的需要，降低临床诊断漏诊、误诊的风险，提高基层医疗服务质量。

（2）诊断不一致提示

系统基于云端的分析技术，对医生的诊断结果与系统诊断结果进行智能诊断比对，若医生的诊断和智能诊断的结果不一致，提供进一步问询建议，提醒内容为需要进一步考虑的症状信息以及其他智能辅诊相关结果，医生可以根据系统提示，对患者进一步问诊，提高医生诊断的准确率。

(3) 进一步问诊

系统基于患者电子病历、检验检查信息等综合内容智能分析处理，自动推送基层医生进一步问诊信息，辅助基层医生进一步细化问诊。

9. 合理用药（可选模块，额外付费）

智医助理辅助诊疗系统在医生开具处方时，根据患者基本情况、病情及诊断等情况，对用药处方进行审核，审核处方是否存在药品的用法、用量、频次、相互作用、人群禁忌、配伍禁忌等风险，实时警告、提示，避免药害事故的发生。审核从处方和医嘱的开具时开始，贯穿在处方和医嘱各处理环节，识别不合理用药问题，并以警示框的方式提醒医生这些用药风险，同时记录每次发现的不合理用药信息。

合理用药模块目前已经支持11种用药类型的审核和监测，包括慎用提醒（特定条件下的谨慎用药）、存在禁忌、给药剂量不适宜（超量、用药不足）、给药频次不适宜、药物遴选不适宜、无用药指征、给药途径不适宜、超疗程用药、联合用药不适宜、溶媒选择不适宜、溶媒剂量不适宜。更丰富的用药类型以及细节审核依然在不断地完善和更新。具体见表8-2。

表8-2 合理用药建议类型详情

序号	用药审核类型	类 型 说 明
1	慎用提示	医生在下达处方（医嘱）时，当患者满足某些条件（如特殊人群，药物相互作用），会做慎用提示。提示慎用的类型、关键词和慎用提示的语句
2	存在禁忌	医生在下达处方（医嘱）时，系统可以自动判断处方中药物是否药物过敏、药物禁忌证、与说明书中年龄用药（包括老年人用药和儿童用药）、性别用药、孕妇用药、哺乳期用药、肝功能不全、肾功能不全是否相一致，如果存在禁忌，系统会自动预警提示医生存在禁忌
3	给药剂量不适宜	医生在下达处方（医嘱）时，系统可以自动判断处方中药物的给药剂量是否适宜（如超量或用量不足），如果不适宜系统会自动预警提示医生给药剂量不适宜
4	给药频次不适宜	医生在下达处方（医嘱）时，系统可以自动判断处方中药物的给药频次是否适宜，如果不适宜系统会自动预警提示医生给药频次不适宜
5	药物遴选不适宜	医生在下达处方（医嘱）时，系统可以自动判断针对患者病情所选用的药物是否合适，如果不合适系统会自动预警提示医生给药频次不适宜
6	无用药指征	处方内的药品，缺乏相关病历或患者信息的判断支持
7	给药途径不适宜	医生在下达处方（医嘱）时，系统可以自动判断处方中药物的给药途径是否与说明书一致，如果不一致，系统会自动预警提示医生给药途径不适宜
8	超疗程用药	医生在下达处方（医嘱）时，系统可以自动判断处方中药物的给药疗程是否适宜，如果超过药物正常的治疗疗程，系统会自动预警提示医生超疗程用药
9	联合用药不适宜	医生在下达处方（医嘱）时，处方中的多种药物联合使用时将有相关，系统自动给与提示

模块八　人工智能产业案例——科大讯飞中部某县"智医助理"项目书

续表

序号	用药审核类型	类　型　说　明
10	溶媒选择不适宜	医生在下达处方（医嘱）时，系统可以自动判断处方中溶媒的选择是否与说明书一致，如果不一致，系统会自动预警提示医生溶媒选择不适宜
11	溶媒剂量不适宜	医生在下达处方（医嘱）时，系统可以自动判断处方中溶媒的剂量是否与说明书一致，如果不一致，系统自动预警提示医生溶媒剂量不适宜

目前合理用药建议这块，针对风险等级总体分为三类。

（1）高等级风险

智医助理辅助诊疗系统对于诸如用药遴选不适宜、给药剂量不适宜（用药超量）等可能隐含高用药风险的情况，会及时给予医生信息提醒。同时会以红色这种警告色给予医生一定的警示，从而提醒医生需要特意关注下提醒的内容以及推荐的用药，避免出现用药危险。

（2）中等级风险

智医助理辅助诊疗系统针对诸如给药频次不适宜、无用药指征、给药途径不适宜等存在一定风险的问题，也会及时给予提醒。

（3）低等级风险

若处方存在常规药品不适宜问题，智医助理客户端将在桌面弹出合理用药提醒。医生可以查看具体哪些药品剂量不适宜，系统也给出正确的剂量，医生可以参考系统推荐用药剂量修改处方药品。

10．疾病图谱

疾病图谱可实现疑似疾病的图谱分析和具象化展示，提供疑似疾病相关症状的详情查看；辅助医生进一步完善问诊相关内容，并逐步完善患者病历信息，提升电子病历质量，进而提高智能诊断的可信度，从而辅助基层医生进行诊断结果下达。

医生通过点击人工智能辅助诊疗系统疑似疾病列表可查看该疾病对应的疾病图谱分析。

系统利用医学知识图谱构建技术，通过医学知识的表示、抽取、融合、推理以及质量评估五部分，从大量的结构化或非结构化的医学数据中提取出实体、关系、属性等知识图谱的组成元素，选择合理高效的方式存入医学知识库。再根据疑似疾病内容推送疾病图谱分析内容，即该病症对应的可能症状。

11．相似病历

系统支持基于患者电子病历信息、诊断信息，推送相似的病历信息，以供医生做参考分析。

12．常见用药

系统能够基于患者电子病历、检验检查信息等内容智能分析处理后提供常见用药建议，包括药品名称、适应证、规格、用法用量、不良反应、注意事项等，一方面能够辅助基层医生进行合理用药，另一方面能够辅助医生制订治疗计划。

13．常规检查

对于需要进一步检查来确定病因的患者，系统可根据患者辅助诊断结果中不同可信度的病症内容，给予基层医生下一步检查建议，给予医生检查、下达处方提供人工智能意见指导。

14．指南文献

为了方便医生的日常操作，系统支持基于当前疾病信息，给出源于教科书、期刊等文献资料的智能推荐，便于医生参考分析。

8.4.2 智医助理运行监管系统

1．系统概述

智医助理运行监管系统以可视化形式展现基层医疗机构人工智能辅助诊疗系统实时数据动态，按照时间、行政区域和机构名称多条件精确展示基层医疗机构相关信息，内容包括病历数量、辅诊建议数量、医学检索数量等各类管理指标，可基于用户数据进行数据分析，内容包括病历质检、用户活跃度等。

2．业务流程

智医助理运行监管系统业务流程如图8-4所示。

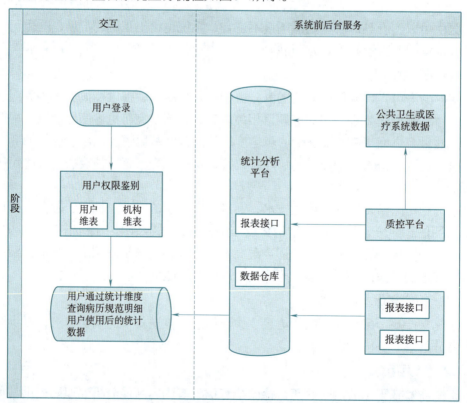

图8-4　智医助理运行监管系统业务流程

智医助理运行监管系统主要面向县卫健委提供辅诊相关的数据统计，主要业务场景如下：

场景一：数据统计分析。根据限定条件对病历数量、辅诊建议情况、活跃用户等数据进行统计分析和展示。

数据统计分析业务流程如下：

①设定时间范围、区域、业务类型等统计检索条件。

②运行及监管模块返回相应的统计结果。

场景二：诊疗过程监控。实时的病历质量分析、诊断合理理性分析和用户运行监控等。

诊疗过程监控业务流程如下：

①按照机构类型、医生、时间等维度对人工智能辅助诊疗系统识别出的不规范病历和不合理诊断病历进行统计分析展示。

②管理部门根据统计分析进行核实督导，或将详细数据导出。

3. 系统功能

（1）门户信息服务

门户信息服务支持对项目县智医助理辅助诊疗系统运行情况实时监控，并可按照时间、行政区域、机构类型和机构名称等多条件精确展示相关信息，内容包括但不限于病历数量、辅诊建议数量、医学检索数量、各类管理指标等。

省级运行监管平台虚拟门户支持以市级为单位实时监控能够按照时间、所管辖医疗机构类型和机构名称等多条件精确展示相关信息，内容包括但不限于病历数量、辅诊建议数量、医学检索数量、各类管理指标等。

市级运行监管平台虚拟门户支持以县（市、区）级为单位实时监控能够按照时间、所管辖医疗机构类型和机构名称等多条件精确展示相关信息，内容包括但不限于病历数量、辅诊建议数量、医学检索数量、各类管理指标等。

县（市、区）运行监管平台门户按照时间、基层医疗机构类型和机构名称等多条件精确展示相关信息，内容包括但不限于病历数量、辅诊建议数量、医学检索数量、各类管理指标等。

（2）后台管理

门户层级服务实现多层级客户访问权限控制，分配及管理下级账户，界面化展现账户列表采用统一认证（账号、角色、权限、资源管理）机制。系统实现分级、分模块、分菜单权限管理模式，主要针对所涉及的各个角色，对其登录权限的控制、密码设置、人员维护、操作日志等的设置提供系统支持。

门户层级服务满足以下功能要求：

①提供访问监管应用功能的角色维护功能。

②提供角色的功能访问权限的维护功能。

③提供用户的维护配置的功能。

④提供用户的角色分配的功能。

（3）总体数据统计

数据看板实现监管平台总体看板，重点数据各端合计值，提供包括病历数及辅诊数、活跃用户等；病历规范质检和诊断质检总体分析情况，以及质检监管单位排名，展示就诊病历、规范病历、人工智能辅助数、活跃用户等运行数据。

（4）病历规范性监管功能

病历规范质量模块依据"病历书写规范"，针对基层医疗机构电子病历书写的完整性、规范性、真实性等做出质量监控，包含病历缺项与病历内容质量等的监控。系统提供病历规范率的变化趋势、病历缺陷类型分类统计，对与人工智能诊断一致病历、与人工智能诊断不一致病历和不一致率等按照时间和行政层级进行数据统计分析。

针对初诊/复诊病历必填项进行完整性监控，包括但不限于主诉、现病史、诊断等信息，支持对缺项内容进行类别统计。

（5）病历内容质检监控

针对初诊/复诊病历内容书写质量进行质检。针对上述各类别的不规范病历，实现单一病历不规范详情的查看，可对不规范原因进行分析。病历规范质检实现病历质检统计，展现病历形式内容质检结果，不规范病历原因分析及病历质量单位级数据监控。构建对标医疗行业标准的病历质检评分评级体系。

（6）病历质量统计

系统实现病历质检效果看板，重点规范（有效）病历和不规范病历（如病历缺项、病历内容矛盾、病历内容无关）统计数量，病历不规范率，分时间分行政范围层级等数据查询统计和导出，变化趋势及柱形图。

实现不规范病历分析，重点不规范各类原因分布及统计数量，病历不规范出错多的原因等，分时间分行政范围层级等数据查询统计和导出，变化趋势及柱形图。病历质量单位监控实现病历质量单位及个人排名，排名好的病历规范率高的TOP5单位及个人，规范病历数多的TOP5单位及个人，排名不好的病历不规范率高的单位及个人，不规范病历数多的单位及个人，单位表格数据展现及导出。

（7）诊断不一致分析

运行监管系统结合人工智能辅助诊疗系统的预诊断，对与人工智能诊断不一致病历进行统计分析。提供与人工智能诊断不一致病历统计，支持按时间和行政层级查询统计。

诊断不一致分析实现病历诊断不一致统计，展现诊断不一致统计结果等，及诊断质量单位级数据监控；诊断不一致病历的疾病维度分析。

①诊断质量统计：实现诊断不一致结果看板，重点与人工智能诊断一致病历、与人工智能诊断不一致病历统计数量，分时间分行政范围层级等数据查询统计及分析占比图示。

②诊断质量单位监控：实现诊断不一致单位及个人排名，诊断一致率高的TOP5单位及个人，诊断一致病历数多的TOP5单位及个人，诊断不一致率高的单位及个人，不一致病历数多的单位及个人，单位表格数据展现及导出。

（8）处方监控

系统提供区域内门诊处方的统计和重点药品使用量的统计分析。

（9）报表统计与导出

系统支持相关的数据统计报表导出。实现统计报表年、月、周等多维度时间报表数据，运行数据监管范围支持连续一年或分时段查询的多种数据展示，多种维度场景合理分表，支持分时间分行政范围层级等数据查询统计和导出。

8.4.3 智能语音外呼系统设计

1. 功能架构

智能语音外呼系统功能架构如图8-5所示。

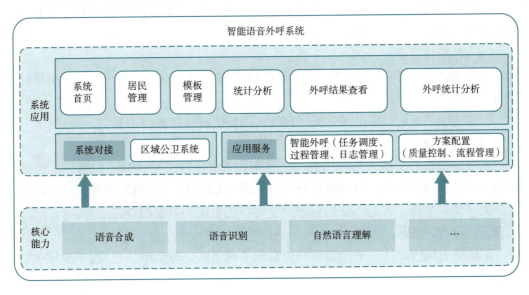

图8-5 智能语音外呼系统功能架构

2. 系统功能

智能语音外呼系统基于人工智能语音核心技术、多轮交互技术与智能外呼服务平台，按照医生为不同人群制定的随访方案，自动给居民和患者拨打电话外呼和发送短信通知，进行慢病随访、家庭医生签约、预约和通知宣教等服务，减轻医生工作负担，提升随访工作效率。通过人工智能语音随访辅助进行重点人群发热筛查和跟进随访，协助进行疫情的防控和宣教。

（1）系统首页

①一键电话：医生导入居民名单，选择电话或者方案模板给居民执行电话任务。

②一键短信：医生导入居民名单，选择短信模板给居民执行短信任务。

（2）居民管理

①居民信息管理：医生通过分组来管理居民、维护居民信息。

②随访管理：医生可以选择分组中的居民执行电话或短信任务。

（3）模板管理

①我的方案：医生可按照应用的场景，新增常用方案并保存，后续可重复使用。

②电话模板：医生可查看自身可用的电话模板，并可在本模块新增电话随访方案。

③短信模板：医生可查看自身可用的短信模板，并可在本模块新增短信随访方案。

（4）服务模板定制

在标准版服务模板不能满足医疗机构的需要，可以根据医疗机构的随访需要，定制开发个性化的随访服务方案。

（5）外呼结果查看

①电话结果分析：帮助管理员了解辖区内电话随访任务的结果以及收听通话录音。

②短信结果分析：帮助管理员了解辖区内短信随访任务的结果。

（6）统计分析

系统会智能分析每次外呼结果，支持用户查看历次外呼信息，包括外呼时间、接通人数、应用服务等，以及每次外呼的具体信息，包括外呼接通情况、患者回复的分类结果、患者回答的明细内容等。还支持查看每个患者的详细信息，听取互动录音，查验调查结果。

①电话、短信统计：帮助管理员查看辖区内电话、短信随访总量、呼叫总时长等数据。

②服务使用量统计：帮助管理员查看辖区内电话随访服务使用数据。

③单位服务量统计：帮助管理员查看了解各级单位的电话随访使用数据。

④部署单位数统计：帮助管理员查看了解各级单位的详细信息及联系方式。

⑤单位活跃率统计：帮助管理员了解各单位使用系统的活跃率。

单元五 效益分析

1. 社会效益分析

通过技术创新，实现面向基层的辅助诊断和病历质检，提升诊疗能力和诊疗规范性；通过管理手段创新，为基层提供诊疗过程实时数据的行为监管和决策分析支持，从而提高医疗卫生健康服务整体服务能力和管理能力。

通过运行监管系统实现对诊疗过程进行全量实时审核，精准识别和管理诊断风险，进一步提高医疗服务等管理工作的准确性、规范性和严谨性，提高运行监管效率和质量，提高风险防控与决策水平，让医疗服务的管理工作更加科学有序，实现医疗卫生行业监管的科学化、智能化，促进医疗卫生服务与监管的现代化发展。

2. 经济效益分析

医生在诊疗服务过程中通过人工智能辅助诊疗系统提高自身专业能力，提高诊疗效率，增加医疗机构诊疗服务能力。主要经济效益如下：

（1）规范医生诊疗行为

人工智能辅助诊疗系统让每个医生都拥有一个人工智能医学助手。在问诊过程中，系统可根据问诊逻辑针对性提示医生对患者进行病情问诊；在病历书写过程中辅助医生完成电子病历的书写，帮助医生规范和完善电子病历，提升电子病历书写质量。

（2）提升医生专业能力

在医生诊断过程中，人工智能辅助诊疗系统基于医生输入的患者病历数据进行智能化分析和判断，协助医生对病情进行准确判断，避免出现漏诊误诊的情况。

小 结

人工智能作为一种新兴颠覆性技术，正在释放科技革命和产业变革积蓄的巨大能量，深刻改变着人类生产生活方式和思维方式，对经济发展、社会进步等方面产生重大而深远的影响。世界各国高度重视人工智能发展，我国亦把新一代人工智能作为推动科技跨越发展、产业优化升级、生产力整体跃升的驱动力量。人工智能替代劳动的速度、广度和深度将前所未有。经济学家认为，人工智能使机器开始具备人类大脑的功能，将以全新的方式替代人类劳动，冲击许多从前受技术进步影响较小的职业，其替代劳动的速度、广度和深度将大大超越从前的技术进步。但他们同时指出，技术应用存在社会、法律、经济等多方面障碍，进展较为缓慢，技术对劳动的替代难以很快实现；劳动者可以转换技术禀赋；新技术的需求还将创造新的工作岗位。加快发展新一代人工智能，是我国赢得全球科技竞争主动权的战略抓手，是推动科技跨越发展、产业优化升级、生产力整体跃升的重要途径。